新农村节能住宅建设系列丛书

村镇节能型住宅相关标准及其应用

任绳凤　王昌凤　李宪莉　主编

U0390892

中国建筑工业出版社

图书在版编目（CIP）数据

村镇节能型住宅相关标准及其应用/任绳凤，王昌凤，
李宪莉主编．—北京：中国建筑工业出版社，2014.10
（新农村节能住宅建设系列丛书）
ISBN 978-7-112-17324-2

Ⅰ．①村…　Ⅱ．①任…②王…③李…　Ⅲ．①农村住
宅-节能-设计标准　Ⅳ．①TU241.4-65②TU111.4-65

中国版本图书馆 CIP 数据核字（2014）第 227043 号

　　本书采用深入浅出、图文并茂的表达方式，全方位地介绍了村镇住宅的节能技术及在相应规
范、标准指导下应如何使用节能技术。全书共分为 9 章，主要包括：工程建设标准概述、建筑规
划节能技术与相关标准、围护结构节能技术与相关标准、通风节能技术与相关标准、室内供暖技
术与相关标准、采光节能技术与相关标准、沼气技术与相关标准、热泵技术与相关标准、太阳能
利用技术与相关标准等内容。

　　本书既可为广大的农民、农村基层领导干部和农村科技人员提供具有实践性和指导意义的技
术参考；也可作为具有初中以上文化程度的新型农民、管理人员的培训教材；还可供所有参加社
会主义新农村建设的单位和个人学习使用。

＊　　＊　　＊

责任编辑：张　　晶　吴越恺
责任设计：董建平
责任校对：李美娜　王雪竹

新农村节能住宅建设系列丛书

村镇节能型住宅相关标准及其应用

任绳凤　王昌凤　李宪莉　主编

＊

中国建筑工业出版社出版、发行（北京西郊百万庄）

各地新华书店、建筑书店经销

北京红光制版公司制版

北京云浩印刷有限责任公司印刷

＊

开本：787×960 毫米　1/16　印张：16¼　字数：272 千字
2015 年 2 月第一版　　2015 年 2 月第一次印刷
定价：**40.00** 元
ISBN 978-7-112-17324-2
（26049）

编 委 会

序

　　本套丛书是基于"十一五"国家科技支撑计划重大项目研究课题"村镇住宅节能技术标准模式集成示范研究"（2008BAJ08B20）的研究成果编著而成的。丛书主编为课题负责人、天津城建大学副校长王建廷教授。

　　该课题的研究主要围绕我国新农村节能住宅建设，基于我国村镇的发展现状和开展村镇节能技术的实际需求，以城镇化理论、可持续发展理论、系统理论为指导，针对村镇地域差异大、新建和既有住宅数量多、非商品能源使用比例高、清洁能源用量小、用能结构不合理、住宅室内热舒适度差、缺乏适用技术引导和标准规范等问题，重点开展我国北方农村适用的建筑节能技术、可再生能源利用技术、污水资源化利用技术的研究及其集成研究；重点验证生态气候节能设计技术规程、传统供暖方式节能技术规程；对村镇住宅建筑节能技术进行综合示范。

　　本套丛书是该课题研究成果的总结，也是新农村节能住宅建设的重要参考资料。丛书共7本，《节能住宅规划技术》由天津市城市规划设计研究院郑向阳正高级规划师、天津城建大学张戈教授任主编；《节能住宅施工技术》由天津城建大学刘戈教授任主编；《节能住宅污水处理技术》由天津城建大学文科军教授任主编；《节能住宅有机垃圾处理技术》由天津城建大学吴丽萍教授任主编；《节能住宅沼气技术》由天津城建大学常茹教授任主编；《节能住宅太阳能技术》由天津城建大学张志刚、魏璠副教授任主编；《村镇节能型住宅相关标准及其应用》由天津城建大学任绳凤教授、王昌凤副教授，李宪莉讲师任主编。

　　丛书的编写得到了科技部农村科技司和中国农村技术开发中心领导的

大力支持。王喆副司长，于双民处长和王俊副处长给予了多方面指导，王喆副司长亲自担任编委会主任，确保了丛书服务农村的方向性和科学性。课题示范单位蓟县毛家峪李锁书记，天津城建大学的龙天炜教授、赵国敏副教授为本丛书的完成提出了宝贵的意见和建议。

丛书是课题组集体智慧的结晶，编写组总结课题研究成果和示范项目建设经验，从我国农村建设节能型住宅的现实需要出发，注重知识性和实用性的有机结合，以期普及科学技术知识，为我国广大农村节能住宅的建设做出贡献。

丛书主编：王建廷

前　　言

　　改革开放以来，我国村镇住宅建设取得了长足的发展，每年的建造量达 6 亿多平方米，目前村镇既有住宅建筑总面积约为 257.6 亿 m^2，但是其中多数达不到节能的要求。因此，推进村镇地区建筑节能的工作，合理开发利用可再生能源，加强村镇能源生态工程建设，积极开展住宅的科学设计，不仅能有效缓解村镇地区能源短缺，提高村镇人民的生活水平，改善舒适度和生活质量，增加农民收入，而且也有利于治理环境污染，优化村镇地区环境，促进村镇地区经济社会可持续发展。

　　本书基于我国村镇的发展现状，针对村镇地域差异大、新建和既有住宅数量多、非商品能源使用比例高、清洁能源用量小、用能结构不合理、住宅室内热舒适度差、缺乏适用技术引导和标准规范等问题，从开展村镇节能工作的实际需求出发，采用深入浅出、图文并茂的表达方式，全方位的介绍了村镇住宅的节能技术及在相应规范、标准指导下应如何使用节能技术。全书共分为 9 章，主要包括：工程建设标准概述、建筑规划节能技术与相关标准、围护结构节能技术与相关标准、通风节能技术与相关标准、室内供暖技术与相关标准、采光节能技术与相关标准、沼气技术与相关标准、热泵技术与相关标准、太阳能利用技术与相关标准等内容。

　　本书第 1 章由任绳凤编写，第 2、3、4、6 章由王昌凤编写，第 5 章由吕祥翠、任绳凤编写，第 7 章由李军编写，第 8 章由任绳凤、殷洪亮编写，第 9 章由李宪莉编写。

　　本书既可为广大的农民朋友、农村基层领导干部和农村科技人员提供具有实践性和指导意义的技术参考；也可作为具有初中以上文化程度的新型农民、管理人员的培训教材；还可供所有参加社会主义新农村建设的单位和个人学习使用。

在本书编写过程中，我们参考了大量的书刊杂志及部分网站中的相关资料，并引用其中一些内容，难以一一列举，在此一并向有关书刊和资料的作者表示衷心感谢。

由于编者水平有限，本书中不当或错误之处在所难免，希望广大读者给予批评指正。

目　　录

工程建设标准概述

1989 年 4 月 1 日起实施的《中华人民共和国标准化法》第一条："为了发展社会主义商品经济，促进技术进步，改进产品质量，提高社会经济效益，维护国家和人民的利益，使标准化工作适应社会主义现代化建设和发展对外经济关系的需要，制定本法。"该条文说明了标准和标准化工作的重要性和必要性。本章主要介绍有关标准的一些概念和工程建设标准的作用。

1.1 标 准 和 标 准 化

1.1.1 标准的定义

1. 对标准的定义与解释

标准作为标准化的核心，其定义和解释经历了一个较长的发展时期，最有影响的有三个：

（1）1934 年盖拉德在其《工业标准化原理与应用》一书中对标准所作的定义，即："标准是对计量单位或基准、物体、动作、过程、方式、常用方法、容量、功能、性能、办法、配置、状态、义务权限、责任、行为、态度、概念或想法的某些特征，给出定义、做出规定和详细说明。它以语言、文件、图样等方式或利用模型、样本及其他具体表现方法，并在一定时期内适用。"这是世界上最早给出的标准定义。

（2）国际标准化组织（ISO）对标准所作的定义，即："标准是由各方根据科学技术成就与先进经验，共同合作起草、一致或基本上同意的技术规范或其他公开文件，其目的在于促进最佳的公众利益，并由标准化团体批准。"

（3）1983 年我国对标准所作的定义，即："标准是对重复性的事物和概念所做的统一规定。它以科学、技术和实践经验的综合成果为基础，经有关各方协商一致，由主管机构批准，以特定形式发布，作为共同遵守的准则和依据。"

2. 我国目前对标准的定义

以 1996 年修订的国家标准《标准化和有关领域的通用术语 第一部分：基本术语》GB 3935.1 给出的标准定义为准，即："为在一定的范围内获得最佳秩序，对活动或其结果规定共同的和重复使用的规则、导则或特性的文件，该文件经协商一致制定并经一个公认机构批准，以科学、技术和实践经验的综合成果为基础，以促进最佳社会效益为目的。"

1.1.2 标准的种类与体系

1. 标准的种类

通常把标准分为技术标准、管理标准和工作标准三大类。

（1）技术标准

技术标准是指对标准化领域中需要协调统一的技术事项所制定的标准。技术标准包括基础技术标准、产品标准、工艺标准、检测试验方法标准、安全标准、卫生标准、环保标准等。

（2）管理标准

管理标准是指对标准化领域中需要协调统一的管理事项所制定的标准。管理标准包括基础管理标准、技术管理标准、经济管理标准、行政管理标准、生产经营管理标准等。

（3）工作标准

工作标准是指对工作的责任、权利、范围、质量要求、程序、效果、检查方法、考核办法所制定的标准。工作标准一般包括部门工作标准和岗位（个人）工作标准。

2. 标准的体系

《中华人民共和国标准化法》第六条："对需要在全国范围内统一的技术要求，应当制定国家标准。国家标准由国务院标准化行政主管部门制定。对没有国家标准而又需要在全国某个行业范围内统一的技术要求，可以制定行业标准。行业标准由国务院有关行政主管部门制定，并报国务院标准化行政主管部门备案，在公布国家标准之后，该项行业标准即行废止。对没有国家标准和行政标准而又需要在省、自治区、直辖市范围内统一的工业产品的安全、卫生要求，可以制定地方标准。地方标准由省、自治区、直辖市标准化行政主管部门制定，并报国务院标准化行政主管部门和国务院有关行政主管部门备案，在公布国家标准或者行业标准之后，该项地方标准即行废止。企业生产的产品没有国家标准和行业标准的，应当制定企业标准，作为组织生产的依据。企业的产品标准须报当地政府标准化行政主管部门和有关行政主管部门备案。已有国家标准或者行业标准的，国家鼓励企业制定严于国家标准或者行业标准的企业标准，在企业内部适用。法律对标准的制定另有规定的，依照法律的规定执行。"该条文构建出我国的四级标准体系，即：国家标准、行业标准、地方标准、企业标准。

1.1.3 标准的一些术语

（1）国家标准——是指对全国经济技术发展有重大意义，需要在全国范围内统一的技术要求所制定的标准。国家标准在全国范围内适用，其他各级标准不得与之相抵触。国家标准是四级标准体系中的主体。

（2）行业标准——是指对没有国家标准而又需要在全国某个行业范围内统一的技术要求，所制定的标准。行业标准是对国家标准的补充，是专业性、技术性较强的标准。行业标准的制定不得与国家标准相抵触，国家标准公布实施后，相应的行业标准即行废止。

（3）地方标准——是指对没有国家标准和行业标准而又需要在省、自治区、直辖市范围内统一工业产品的安全、卫生要求所制定的标准。地方标准在本行政区域内适用，不得与国家标准和行业标准相抵触，国家标准、行业标准公布实施后，相应的地方标准即行废止。

（4）企业标准——是指企业所制定的产品标准和在企业内需要协调、统一的技术要求和管理、工作要求所制定的标准。企业标准是企业组织生产，经营活动的依据。

（5）强制性标准——是国家通过法律的形式明确要求对于一些标准所规定的技术内容和要求必须执行，不允许以任何理由或方式加以违反、变更，这样的标准称之为强制性标准，包括强制性的国家标准、行业标准和地方标准。对违反强制性标准的，国家将依法追究当事人法律责任。

(6) 推荐性标准——是指国家鼓励自愿采用的具有指导作用而又不宜强制执行的标准，即标准所规定的技术内容和要求具有普遍的指导作用，允许使用单位结合自己的实际情况，灵活加以选用。

(7) 国际标准——是指国际标准化组织（ISO）和国际电工委员会（IEC）所制定的标准，以及国际标准化组织已列入《国际标准题内关键词索引》中的 27 个国际组织制定的标准和公认具有国际先进水平的其他国际组织制定的某些标准。

(8) 国外先进标准——是指国际上有影响的区域标准，世界主要经济发达国家制定的国家标准和其他国家某些具有世界先进水平的国家标准，国际上通行的团体标准以及先进的企业标准。

(9) 采用国际标准——包括采用国外先进标准，是指把国际标准和国外先进标准的内容，通过分析研究，不同程度地纳入我国的各级标准中，并贯彻实施以取得最佳效果的活动。

(10) 等同采用国际标准——是采用国际标准的基本方法之一。它是指我国标准在技术内容上与国际标准完全相同，编写上不作或稍作编辑性修改，可用图示符号"≡"表示，其缩写字母代号为 idc 或 IDC。

(11) 等效采用国际标准——是采用国际标准的基本方法之一。它是指我国标准在技术内容上基本与国际标准相同，仅有小的差异，在编写上则不完全相同于国际标准的方法，可以用图示符号"="表示，其缩写字母代号为 eqv 或 EQV。

(12) 非等效采用国际标准——是采用国际标准的基本方法之一。它是指我国标准在技术内容的规定上，与国际标准有重大差异。可以用图示符号"≠"表示，其缩写字母代号为 neq 或 NEQ。

1.1.4　标准的特性

从标准的概念上可以看出，标准具有前瞻性、科学性、民主性和权威性四种特性。

1. 前瞻性

标准是"对活动或其结果规定共同的和重复使用的规则、导则或特性的文件"，不仅反映了制定标准的前提，而且也反映了制定标准的目的。例如，同一类技术活动在不同地点不同对象上同时或相继发生；某一种概念、符号被许多人反复应用。人们根据积累起来的实践经验，制定标准，以便更好地去指导或规范未来的同一种实践活动等，反映了标准的前瞻性。

2. 科学性

标准是"以科学、技术和实践经验的综合成果为基础"制定出来的。即：制定标准的基础是"综合成果"，单单是科学技术成果，如果没有经过研究、综合比较、选择、分析其在实践活动中的可行性、合理性或没有经过实践检验，是不能纳入标准之中的；同样，单单是实践检验，如果没有总结其普遍性、规律性或经过科学的论证，也是不能纳入标准的。这一规定反映了标准的科学性和严谨性。

3. 民主性

标准要"经协商一致制定"，也就是说，在制定标准的过程中，标准涉及的各个方面对标准中规定的内容，需要形成统一的各方均可接受的意见，保证了标准的全局观、社会观和公正性，反映了标准的民主性。

4. 权威性

标准是"经一个公认机构批准"。"公认机构"是社会公认的或由国家授权的、有特定任务的、法定的组织机构或管理机构。经过该机构对标准制定的过程、内容精选审查，确认标准的科学性、民主性、可行性，以特定的形式批准，既保证了标准的严肃性，也体现了标准发布后的权威性。

1.1.5　标准化的定义

1. 对标准化的定义与解释

标准化作为一门新兴的现代科学，在不同的国家和学术团体里，对它的定义和内涵的描述是不完全一致的。

（1）英国著名的标准化工作者桑德斯在《标准化的目的与原理》一书中，对标准化所作的定义为："标准化是为了所有有关方面的利益，特别是为了促进最佳的全面经济并适当考虑到产品使用条件与安全要求，在所有有关方面的协作下，进行有秩序的特定活动所制定并实施各项规则的过程"、"标准化是指以制定和贯彻标准为主要内容的全部活动过程"、"标准化以科学、技术与实践的综合成果为依据，它不仅奠定当前的基础，而且还决定了将来的发展，它始终和发展的步伐保持一致。"

（2）国际标准化组织（ISO）对标准化所作的定义为："标准化主要是对科学、技术与经济领域内应用的问题给出解决办法的活动，其目的在于获得最佳秩序。一般来说，包括制定、发布及实施标准的过程。"

（3）1983年我国颁布的国家标准《标准化基本术语 第一部分：基本术语》GB 3935.1 所给出的标准化定义为："标准化是指在经济、技术、科技及管理等社会实践中，对重复性的事物和概念，通过制定、发布和实施标准达到统一，以获得最佳秩序和社会效益的活动。"

2. 我国目前对标准化的定义

1996年，我国对国家标准《标准化基本术语 第一部分：基本术语》GB 3935.1—83进行了修订，对标准化所作的定义为："为在一定的范围内获得最佳秩序，对实际的或潜在的问题制定共同的和重复使用的规则的活动。"同时，给出了该定义的两个注释，即：①上述活动主要是包括制定、发布及实施标准的过程；②标准化的重要意义是改进产品、过程和服务适用性，防止贸易壁垒，并促进技术合作。

3. 我国目前的标准化定义的积极意义

我国对标准化概念在不同时期的不同描述，反映了我国标准化工作者在不同时期对标准化概念的不同理解以及对发挥标准化作用的不同要求和希望。应当说，1983年国家给出的标准化定义对我国标准化工作影响很深，在该定义中，比较明确地表达了标准化的范围、对象、特征和目的。即：标准化的范围限定在"经济、技术、科学及管理的社会实践中"，从而使标准化与通常意义上的政治标准、道德标准和各种法律、行政法规等分开。标准化的对象限定在标准化范围内的"重复性事物和概念"，重复性是指反复出现或使用，只有反复出现或使用的事物和概念，才有制定标准的必要。标准化的特征体现在"通过制定、发布和实施标准达到统一"，把"统一"作为标准化的本质或内在特征，把制定、发布和实施标准当作达到统一的必要条件和活动方式。标准化的目的体现在"获得最佳秩序和社会效益"。最佳，是指在一定范围一定条件下获得的结果。秩序，指的是有条理、不混乱，并然有序。社会效益包括经济效益和环境效益，是指给社会带来的效益，这个效益不是只讲一个单位、一个企业、一个部门的效益，而是要讲全局的效益，是全局综合的效益。但是，应当看到，1996年我们给出的标准化定义，是在原有标准化定义基础上的进一步深化，无论是对标准化的范围和对象，还是对标准化的特征和目的、作用，都作了必要的调整。对标准化工作适应我们经济体制改革的需要，以及加入世界贸易组织后更好的发挥标准化的作用都具有积极的意义。

1.1.6 标准化的形式

标准化的主要形式有简化、统一化、系列化、通用化、组合化。

1. 简化

简化是在一定范围内缩减对象事物的类型数目，使之在既定时间内足以满足一般性需要的标准化形式。

2. 统一化

统一化是把同类事物两种以上的表现形态归并为一种或限定在一定范围内的标准化形式。

3. 系列化

系列化是对同一类产品中的一组产品同时进行标准化的一种形式，是使某一类产品系统的结构优化、功能最佳的标准化形式。

4. 通用化

通用化是指在互相独立的系统中，选择和确定具有功能互换性或尺寸互换性的子系统或功能单元的标准化形式。

5. 组合化

组合化是按照标准化原则，设计并制造出若干组通用性较强的单元，根据需要拼合成不同用途的物品的标准化形式。

1.2 工程建设标准和分类方法

1.2.1 工程建设标准和标准化

1. 工程建设标准的定义

工程建设标准是为在工程建设领域内获得最佳秩序，对建设活动或其结果规定共同的和重复使用的规则、导则或特性的文件，该文件经协商一致制定并经一个公认机构批准，以科学、技术和实践经验的综合成果为基础，以促进最佳社会效益为目的。

2. 工程建设国家标准

工程建设国家标准是指在全国范围内需要统一或国家需要控制的工程建设技术要求所指定的标准。

按照《工程建设国家标准管理办法》的规定，在全国范围内需要统一或国家需要控制的工程建设技术要求主要包括以下六个方面：

（1）工程建设勘察、规划、设计、施工（包括安装）及验收等通用的质量要求；

（2）工程建设通用的术语、符号、代号、量与单位、建筑模数和制图方法；

（3）工程建设通用的实验、检验和评定等方法；

（4）工程建设通用的有关安全、卫生和环境保护的技术要求；

（5）工程建设通用的信息技术要求；

（6）国家需要控制的其他工程建设通用的技术要求。

3. 工程建设行业标准

工程建设行业标准是指对没有国家标准，而又需要在全国某个行业范围内统一的技术要求所制定的标准。工程建设行业标准的范围主要包括以下六个方面：

（1）工程建设勘察、规划、设计、施工（包括安装）及验收等行业专用的质量要求；

（2）工程建设行业专用的有关安全、卫生和环境保护的技术要求；

（3）工程建设行业专用的术语、符号、代号、量与单位、建筑模数和制图方法；

（4）工程建设行业专用的试验、检验和评定等方法；

（5）工程建设行业专用的信息技术要求；

（6）工程建设行业需要控制的其他技术要求。

4. 工程建设标准化的定义

工程建设标准化是为在工程建设领域内获得最佳秩序，对实际的或潜在的问题制定共同的和重复使用的规则的活动。

1.2.2　工程建设标准的分类方法

对工程建设标准的分类，从不同的角度出发，有多种不同的分类方式。目前，习惯用的方法主要有：层次分类法、属性分类法、性质分类法、对象分类法、阶段分类法五种。

1. 层次分类法

层次分类法是按照每一项工程建设标准的使用范围，即标准的覆盖面，将其划分为不同层次的分类方法。这种层次关系，过去人们又把它称为标准的级别。

根据这种分类方法，工程建设标准可以划分为企业标准、地方标准、行业标准、国家标准、国际标准等。在某一企业使用的标准为企业标准；在某一地方行政区域使用的标准为地方标准；在全国某一行业使用的标准为行业标准；在全国范围使用的标准为国家标准；可以在国际某一区域使用的标准为国际区域性标准，如欧共体标准等；由国际标准化组织（ISO）、国际电工委员会（IEC）制定或认可的，可以在各成员国使用的标准为国际标准。

由于世界各国的情况和条件不同，对工程建设标准层次的划分也不完全相同。根据我国发布的标准化的法律和行政法规，可将工程建设标准划分为国家标准、行业标准、地方标准和企业标准四个层次。

2. 属性分类法

属性分类法是一种比较新的分类方法，是按照每一项工程建设标准在实际建设活动中要求贯彻执行的程度不同，将其划分为不同法律属性的分类方法。这种分类方法，一般不适用于企业标准。所谓法律属性，是指标准本身是否具有法律上的强制作用。

按照这种分类方法，工程建设标准划分为强制性标准和推荐性标准。强制性标准必须执行，推荐性标准自愿采用。属性分类法，在国外比较少见，因为在他们的概念里，标准就是标准，除法规（包括技术法规）引用的标准或标准的某些条款外，都是自愿采用的标准，没有强制之说。实际上，这只是标准的作用不同而已，虽然国外的标准绝大部分不具有强制的约束性，但是对技术上的强制性要求，他们都有另外的强制执行的法规，一般称为技术法规，这些技术法规被排除在标准的范畴以外。而我国过去长期实行的是单一的计划经济体制，标准一统技术领域，技术法规也被融合在了标准之中。可以说，按属性对工程建设标准进行分类，是现阶段我国标准化工作的特殊需要。

3. 性质分类法

性质分类法是按照每一项工程建设标准的内容，将其划分为不同性质标准的分类方法。根据这种分类方法，工程建设标准一般划分为技术标准、经济标准和管理标准。

技术标准是指工程建设中需要协调统一的技术要求所制定的标准，技术要求一般包括工程的质量特性、采用的技术措施和方法等。经济标准是指工程建设中针对经济方面需要协调统一的事项所制定的标准，用以规定或衡量工程的经济性能和造价等，例如：工程概算、预算定额、工程造价指标、投资估算定额等。管理标准是指管理机构行使其管理职能而制定的具有特定管理功能的标准，例如：《建设工程监理规范》、《建设工程项目管理规范》、《建筑设计企业质量管理规范》等。

4. 对象分类法

对象分类法是指按照每一项工程建设标准的标准化对象，将其进行分类的方法。在工程建设标准化领域，人们通常采用两种方法，一是按标准对象的专业属性进行分类，这种分类方法，目前一般应用在确立标准体系方面；二是按标准对象本身的特性进行分类，一般分为基础标准、方法标准、安全、卫生和环境保护标准、综合性标准、质量标准。

（1）基础标准。是指在一定范围内作为其他标准制定、执行的基础，而普遍使用并具有广泛指导意义的标准。基础标准一般包括：

1）技术语言标准，例如：术语、符号、代号标准、制图方法标准等；

2）互换配合标准，例如：建筑模数标准；

3）技术通用标准，例如：工程结构可靠度设计统一标准等。

（2）方法标准。是指以工程建设中的试验、检验、分析、抽样、评定、计算、统计、测定、作业等方法为对象制定的标准。例如：《土工试验方法标准》、《混凝土力学性能试验方法标准》、《厅堂混响时间测量规范》、《钢结构质量检验评定标准》等。方法标准是实施工程建设标准的重要手段，对于推广先进方法，保证工程建设标准执行结果的准确一致，具有重要的作用。

（3）安全、卫生和环境保护的标准。是指工程建设中为保护人体健康、人身和财产的安全，保护环境等而制定的标准。一般包括："二废"排放、防止噪声、抗震、防火、防爆、防振等方面，例如：《建筑抗震设计规范》、《生活饮用水卫生标准》、《建筑设计防火规范》、《民用建筑室内环境污染控制规范》等。

（4）综合性标准。是指以上几类标准的两种或若干种的内容为对象而制定的标准。综合性标准在工程建设标准中所占的比重比较大，一般来说，勘察、规划、设计、施工及验收等方面的标准规范，都属于综合性标准的范畴。例如：《钢结构施工及验收规范》，其内容包括术语、材料、施工方法、施工质量要求、检验方法和要求等，其中，既有基础标准、方法标准的内容，又包括了质量保证方面的内容等。

（5）质量标准。是指为保证工程建设各环节最终成果的质量，以技术上需要确定的方法、参数、指标等为对象而制定的标准。例如：设计方案优化条件、工程施工中允许的偏差、勘察报告的内容和深度等。在工程建设标准中，单独的质量标准所占的比重比较小，但它作为标准的一个类别，将会随着工程建设标准化工作的深入发展和标准体系的改革而变得更加显著。

5. 阶段分类法

阶段分类法是根据基本建设的程序，按照每一项工程建设标准服务的阶段，将其划分为不同阶段的标准。习惯上，人们通常把基本建设程序划分为两大阶段：

（1）决策阶段，即可行性研究和计划任务书阶段。这个阶段，工程项目建设的可行性和可能性，正处在经济、技术和效益等的比较和分析论证之中，为这个阶段服务的标准，称为决策阶段的标准。例如：《中小学校工程项目建设标准》等，其内容主要是根据特定的工程项目，规定其建设规模、项目构成、投资估算指标等，是确定特定工程项目是否具备建设条件或建设该特定工程项目需要具备的条件等。

（2）实施阶段，即从工程项目的勘察、规划、设计、施工、验收使用、管理、维护、加固到拆除。这个阶段，主要是如何实施工程项目的建设，保证工程项目建设的安全和质量，做到技术先进、经济合理、安全适用，为这个阶段服务的标准，称为实施阶段的标准。例如：《中小学校建筑设计规范》等，这类标准，主要针对拟建项目或既有工程的勘察、规划、设计、施工、验收以及使用维护、加固、拆除等的技术要求，做出相应的规定，是工程建设各阶段的具体技术依据和准则。目前，随着建设工程的使用、管理、维护、加固、拆除等工程量和重要性的加大，该领域标准的数量也迅速增加，存在着划分出一个新的阶段（即使用阶段的标准）的趋势或倾向。

由于工程建设标准最初是从工程设计和施工的需要出发，而逐步发展起来的，因此，人们通常将实施阶段标准称为工程建设标准，而且这一习惯在《工程建设标准化管理规定》中得到了明确，即：工程建设标准的范围界定为实施阶段所需要的各种标准，而对于决策阶段的标准，并没有纳入标准化管理的范畴。

1.2.3　标准、规范、规程之间的区别与联系

在工程建设领域，标准、规范、规程是出现频率最多的，也是人们感到最难理解的三个基本术语。标准的概念前已述及，按照《标准化和有关领域的通用术语 第一部分：基本术语》GB 3935.1 的规定，规范一般是在工农业生产和工程建设中，对设计、施工、制造、检验等技术事项所做的一系列规定；规程是对作业、安装、鉴定、安全、管理等技术要求和实施程序所做的统一规定。

标准、规范、规程都是标准的一种表现形式，习惯上统称为标准，只有针对具体对象才加以区别。当针对产品、方法、符号、概念等基础标准时，一般采用"标准"，如《土工试验方法标准》、《生活饮用水卫生标准》、《道路工程标准》、《建筑抗震鉴定标准》等；当针对工程勘察、规划、设计、施工等通用的技术事项做出规定时，一般采用"规范"，如：《混凝土设计规范》、《建筑设计防火规范》、《住宅建筑设计规范》、《砌体工程施工及验收规范》、《屋面工程技术规范》等；当针对操作、工艺、管理等专用技术要求时，一般采用"规程"，如：《钢筋气压焊接规程》、《建筑安装工程工艺及操作规程》、《建筑机械使用安全操作规程》等。在我国工程建设标准化工作中，由于各主管部门在使用这三个术语时掌握的尺度、习惯不同，使用的随意性比较大，这是造成人们最难理解这三个术语的根本原因。

随着我国加入世界贸易组织和与国际惯例的逐步接轨，标准、规范、规程在

使用上都逐步在发生着变化。例如：近年来，我国卫生部门把一些涉及技术规定的、具有一定强制性约束力的规范性文件，统一冠名为"技术规范"或"规范"，以区别于自愿用或推荐性的标准等。工程建设标准化工作中，目前尚没有要求进一步规范这三个术语的使用。

1.3 工程建设标准的特点

1.3.1 工程建设的特殊性

1. 建设工程本身的固定性和建设活动的流动性

建设工程只能固定在某个特定的地点，不可移动，建设活动只能围绕这一特定的位置展开，不同的工程决定了从事建设活动的人员和机械设备，不可能永久地围绕在一个地点活动，必然要进行迁移或流动。

2. 建设工程的单一性和整体性

绝大多数建设工程因使用功能不同、所处环境不同、建设的目的不同等而各不相同，不可能批量生产，都需要单独设计、单独施工、分别验收等，因此，无论是咨询、设计、施工还是使用管理等，其目标都只能针对单一的工程。而且，在建设活动各方的交易中，投资方不可能通过前期检查工程来确定是否符合自身的投资意图，只能根据自身的投资意图，选择合适的合作者或建设方案来实现，而且实现自身投资意图的建设工程，无论是一个住宅小区、一座电站、一条高速公路、还是一幢办公大楼、甚至是一次家庭装饰装修，都是一个不可分割的整体，都需要从整体的角度综合考虑其布局、设计和建造等。

3. 企业的专业性和建设活动的相对独立性

由于建设工程自身的复杂性，建设企业的专业性特点十分明显，工程勘察、规划、设计、施工、监理、维修等大部分都是由专业性企业分别完成的，虽然我国的工程总承包单位逐渐增多，但实际运作过程中，工程的各建设环节也都分别是由其合作的或内部的专业企业或机构分别完成的。建设工程具有阶段性，不同的阶段，建设工程具有不同的形态，例如：在可研阶段，特定的建设工程表现为咨询机构的可行性研究报告，或其他的咨询论证材料等；在招标阶段，表现的是招标代理单位提供的招标书、评标定标的分析报告、合同文本或咨询机构的标底、造价估算报告等；在勘察设计阶段，可以是勘察报告或设计方案、设计图纸；在施工阶段，可以是一幢建筑物、一个住宅小区、工业群体建筑、一段铁路等。不同的建设阶段，不仅建设活动的特点和人员差别很大，而且都是由不同实施主体分别独立完成的。建设工程专业化分工明显和建设活动相对独立的特点，决定了一项建设工程只能通过许多相对独立的活动共同来完成，反映了建设活动协调性的重要作用，同时，也表明了建设工程的质量和水平是所有参加建设活动的企业或机构水平的综合反映。

4. 建设工程对社会影响大

所有的建设工程都涉及公众利益，例如：公共设施关系到人民群众生命财产的安全、铁路、公路、水利工程以及工业设施等，关系到国民经济和社会的发展。即使是私人建筑，其位置、施工、使用等，也都直接影响到城乡规划、环境保护以及周围人员的生活和安全等。建设工程的这种社会属性，决定了建设工程包括建设活动都应当是有序的，而且应当是有规矩的。

5. 建设活动的周期长

一般情况下，建设工程的工期需要数月到数年，有的甚至长达十几年，除了受气候、地质、资源等自然条件影响较大外，必然也会受到较大的经济、社会、人文等社会因素的影响，受到科学技术发展和新技术、新材料、新设备、新工艺等的较大影响，这一特点决定了建设活动的各环节都要有一定的预见性。

6. 建设工程的不可逆转性

建设工程一旦建成，很难推倒重来，很多部位也难以返工或重新建设，否则，必然要找到责任人，来承担因此而造成的巨大损失。这种不可逆转的特点，决定建设活动过程的连续性和复杂性，每一个步骤都需要得到认可，每一道工序都与工程整体密切相关，特别是那些需要掩埋和覆盖的隐蔽工序，只有经过规定检验合格后，方可进入下一道工序等。

7. 建设工程价值量大

一项建设工程，少则几十万、几百万，多则几千万甚至数亿、数百亿。这一特点，决定了建设活动的经济风险很大，任何疏忽大意都有可能带来巨大的经济损失或无可挽回的后果。

1.3.2 工程建设标准的特点

工程建设所具有的特殊性决定了工程建设标准的特点。目前人们比较认同的特点有三个，即：综合性强、政策性强、受自然环境影响大。

1. 综合性强

（1）工程建设标准的内容多数是综合性的，例如《建筑设计防火规范》，其内容不仅包括了民用建筑设计的各个方面应当采取的防火安全措施，而且也包括了各类工业建筑中应当采取的一系列安全防火措施。在制定标准时，需要就各个不同领域的科学技术成果和经验教训，进行综合分析，具体分解，并需要保证标准的综合成果达到安全可靠的目的。又如：《民用建筑室内环境污染控制规范》，其适用范围是新建、改建、扩建的民用建筑工程和装修工程，在制定该规范时，不仅要同时反映出民用建筑工程和装修工程在新建、改建、扩建方面的特点和技术要求，而且要同时反映出民用建筑工程和装修工程在新建、改建、扩建过程中的勘察、设计、施工、验收以及检验等不同环节的特点和技术要求。民用建筑工程包括的类型很多，如住宅、办公楼、医院病房楼、商场、车站等，由于其使用功能、使用对象、通风条件、人员停留时间等诸多方面不尽相同，因此，在确定控制指标时，需要做到区别对待。同时，要实现控制的最终目标，除了对建设工程过程进行控制以外，还需要对建筑材料、装修材料的污染物含量进行控制等。只有在这诸多的方面都得以综合反映，才能实现标准的制定目标。可以说，工程建设标准绝大部分都需要应用各领域的科技成果，经过综合分析，才能制定出来。

（2）制订工程建设标准需要考虑的因素是综合性的，即包括了技术条件，而且也包括经济条件和管理水平。仍以《民用建筑工程室内环境污染控制规范》GB 50325—2010 为例，技术水平定高了，应当说对减少室内环境污染有利，但市场上能否有足够的高标准的建筑材料和装修材料满足实际工程的需要？即使部分工程能够在市场上采购到相应的高标准的建筑材料和装修材料，投资者、使用者的经济条件能否承受得了？目前的施工条件、检验手段等能否满足要求？等等。这就需要进行综合分析，全面衡量，统筹兼顾，以求在可能的条件下获取最佳的效果。可以说，经济、技术、安全、管理等诸多现实因素相互制约的结果，也是造成工程建设标准综合性强的一个重要原因，若不综合考虑这些因素，工程建设标准就很难在实际中得到有效贯彻执行。

2. 政策性强

工程建设标准政策性强的主要原因有以下五个方面：

（1）工程建设的投资量大。我国每年用于基本建设的投资约占国家财政总支出的30%，其中大部分用于工程建设，因此各项技术标准的制订，十分慎重，需要适应相应阶段国家的经济条件。例如对民用住宅建筑的标准稍加提高，即使每平方米造价增加几元钱，年投资就会增加几千万元。因此，政策性强的具体体现之一即是控制投资，这就首先要求工程建设技术标准制定恰当。

（2）工程建设要消耗大量的资源（包括各种原材料和能源、土地等），直接影响到环境保护、生态平衡和国民经济的可持续发展，工程建设标准的水平需要适度控制，不允许任意不恰当地提高标准。

（3）工程建设直接关系到人民生命财产的安全、关系到人体健康和公共利益，但安全、健康和公共利益并非越高越好，还需要考虑经济上的合理性和可能性。因此，工程建设标准需考虑安全、健康、公共利益方面的因素，但应以合理为度，统筹兼顾到经济性。

（4）工程建设标准的效益，尤其是强制性标准的效益，不能单纯着眼于经济效益，还必须考虑社会效益。例如有关抗震、防火、防暴、环境保护、改善人民生活和劳动条件等方面的各种技术标准，首先是为了获得社会效益。

（5）工程建设要考虑百年大计，任何一项工程的使用年限少则几十年，多则百年以上。因此，工程建设技术标准在工程的质量、设计的基准等方面，需要考虑这一因素，并提出相应的措施或技术要求。

3. 受自然环境影响大

从我国现行的工程建设技术标准来看，都是考虑了幅员辽阔的因素。

（1）我国的四级标准体系设置了地方标准一级

譬如，国内大部分省市根据自身的气候、地域特点，在符合国家标准的基础上制定了地方建筑节能设计标准：《天津市居住建筑节能设计标准》DB 29—1—2013、《北京市居住建筑节能设计标准》DBJ 11—602—2006《上海市居住建筑节能设计标准》DGJ 08—205—2011、《黑龙江省居住建筑节能65%设计标准》

DB 23/1270—2008、《四川省居住建筑节能设计标准》DB 51/5027—2008、《湖北居住建筑节能标准》DB 42/301—2005 等。

（2）将我国建筑热工设计划分为 5 个分区

譬如，从建筑热工设计角度把我国各地气候划分为 5 个气候分区，并直观地称之为严寒地区、寒冷地区、夏热冬冷地区、夏热冬暖地区、温和地区，并制定了相应的建筑节能设计标准：《严寒和寒冷地区居住建筑节能设计标准》JGJ 26—2010、《夏热冬冷地区居住建筑节能设计标准》JGJ 134—2010、《夏热冬暖地区居住建筑节能设计标准》JGJ 75—2012 等。

（3）针对一些特殊的自然条件，专门制订了相应的技术标准，如黄土地区、冻土地区以及膨胀土地区的建筑技术规范等。

1.4　工程建设标准的作用

1. 在合理利用资源、节约原材料方面的作用

如何利用资源、挖掘材料潜力、开发新的品种、搞好工业废料的利用，以及控制原料和能源的消耗等，已成为保证基本建设、持续发展亟待解决的重要课题。在这方面，工程建设标准可以起到极为重要的作用。首先，国家可以运用标准规范的法制地位，按照现行经济和技术政策制定约束性的条款，限制短缺物资和资源的开发使用，鼓励和指导采用代替材料；二是根据科学技术发展情况，以每一时期的最佳工艺和设计、施工方法，指导采用新材料和充分挖掘材料功能潜力；三是以先进可靠的设计理论和择优方法，统一材料设计指标和结构功能参数，在保证使用和安全的条件下，降低材料和能源消耗。

2. 在保障社会效益方面的作用

基本建设中，有为数不少的工程，在发挥其功能的同时，也带来了污染环境的公害；还有一些工程需要考虑防灾（防火、防爆、防震等）。我国政府为了保护人民健康、保障国家和人民生命财产安全、保持生态平衡，除了在相应工程建设中增加投资或拨专款进行有关的治理外，主要在于制定和执行工程建设标准，来做好治本工作。多年来，有关部门通过调查研究和科学试验，制定发布了这方面的专门标准，例如：防震、防火、防爆等标准规范；再如：为了方便残疾人、

老年人、节约能源、保护环境，组织制定了一系列有益于公众利益的标准规范。因此，这些标准规范的发布和实施，对防止公害、保障社会效益起到了重要作用。

3. 在保证和提高工程质量方面的作用

工程建设标准为相应专业的工程技术人员提供了必要的规定。例如：结构方面的设计规范，内容包括荷载结构构造要求和相应的结构计算模型的确定、内力计算方法、截面设计方法和具体公式等规定，只要设计人员认真执行，就可以保证工程质量。从这个层面来讲，标准可以普遍提高工程质量。同时，根据标准化的工作方法，制定的每一项工程建设标准规范，都是基于大量的实践经验基础上，并且都进行了若干试验验证，具备了高度的科学性。并且在批准颁发之前，都经过广泛地征求意见和全国性或专业性审查会鉴定把关。因此，它可以在保证和提高工程质量方面起到巨大的作用。

4. 在确保工程的安全性、经济性和适用性方面的作用

安全与经济，是基本建设中政策性、技术性很强的两个重要因素。从某种意义上讲，它们又是一对关系到建设速度和投资效益的矛盾，处理不当，就会给国家和人民的生命财产造成严重的损失。如何做到即能保证安全和质量，又不浪费投资，制订一系列的标准规范就是很重要的一个条件。因为标准规范是在国家方针、政策指导下制订的，它根据工程实践经验和科学试验数据，结合国情进行综合分析，提出科学、合理的安全等级要求。因此，标准规范可以使工程建设的经济性、合理性得到进一步保证。

5. 在促进科研成果和新技术推广应用方面的作用

在我国社会主义市场经济体制的条件下，科学、技术新成果一旦纳入标准，都具有了相应的法定地位，除强制要求执行的以外，只要没有更好的技术措施，都应当自动地得到应用。这就必然使科研成果和新技术在相应范围内产生巨大的影响，从而促进科研成果和新技术得到普遍的推广和广泛应用。此外，标准规范所纳入的科研成果和新技术，一般都进行了以择优为核心的统一、协调和简化工作，也使科研成果和新技术更臻于完善。并且在标准规范实施过程中，通过信息反馈，提供给相应的科研部门进一步研究参考，这又反过来促进科学技术的发展。

建筑规划节能技术与相关标准 2

　　规划，意即进行比较全面的长远的发展计划，是对未来整体性、长期性、基本性问题的思考、考量和未来整套行动方案的设计。建筑规划设计标准一般是宏观调控和引导某地地区建设的指导性文件，它能够指导该地区在规划期内的建设和发展，更好地适应该地区经济、文化的发展。

　　目前，国家建筑规划节能工作在城市开展的比较广泛，针对城市地区颁布实施了许多节能目标和强制性规范，如：《城市居住区规划设计规范》GB 50180—1993 (2002 年版)、《城市规划基本术语标准》GB/T 50280—1998、《城市道路交通规划设计规范》GB 50220—1995、《城市道路绿化规划与设计规范》CJJ 75—1997、《公园设计规范》CJJ 48—1992、《镇规划标准》GB 50188—2007。实践证明，制定并实施建筑规划节能设计标准、规范，有利于改善地区建筑的室外热环境，提高能源利用效率，为实现国家节约能源和保护环境的战略作出了重要贡献。

　　但是，对于村镇的规划设计标准我国还在初期试用阶段。近几年，住房和城乡建设部编写的《严寒和寒冷地区农村住房节能技术导则（试行）》、中国建筑科学研究院会同有关单位共同编写的《农村居住建筑节能设计标准》（征求意见稿）、以及《天津市农村住宅节能标准》（申报稿）中都有涉及建筑规划节能的相关技术，提出了农村住宅小区的规划应从建筑节能设计气候分区、建筑选址与布局、建筑平立面节能设计、住宅区域风环境优化设计、改善室外热环境、建筑日照与建筑方位朝向等方面进行综合研究。可以肯定地说这些标准的颁布与实施，必将加快我国农村建筑规划节能技术科学化和标准化的发展进程。

2.1 一 般 规 定

1. 建筑节能设计气候分区

　　气候是影响我国各地区建筑的重要因素。不同地区的建筑形式、建筑能耗特点均受到气候影响。如：北方地区农房以保温为主，而南方地区农房以夏季隔热降温为主。不同的气候条件决定了对建筑的不同基本要求，因此在现行国家标准《建筑气候区划标准》GB 50178—93 中，根据室外最冷月，最热月气温状况以及风速、日较差和降水量等指标，将我国建筑热工设计划分为 5 个分区：严寒地区（Ⅰ区）、寒冷地区（Ⅱ区）、夏热冬冷地区（Ⅲ区）、夏热冬暖地区（Ⅳ区），温和地区（Ⅴ区）。在一个分区中又根据不同的气候特点再进一步详细划分不同的小分区，见表 2-1。

农村地区建筑节能设计气候分区　　　　　　　　　　　　表 2-1

分区名称	热工分区名称	一级区气候主要指标	二级区气候主要指标	代表性地区
Ⅰ	ⅠA	严寒地区		1 月份平均气温：≤−22℃或者 1 月份平均气温：≤−10℃且日平均气温≤5℃的天数≥230 天	漠河、图里河、黑河、嫩江、海拉尔、博克图、新巴尔虎右旗、呼玛、伊春、阿尔山、狮泉河、改则、班戈、那曲、申扎、刚察、玛多、曲麻莱、杂多、达日、托托河
	ⅠB		1 月平均气温≤−11℃7 月平均气温≤25℃	1 月份平均气温：−21～−17℃或者 1 月份平均气温：≤−10℃且日平均气温≤5℃的天数为 190～230 天	东乌珠穆沁旗、哈尔滨、通河、尚志、牡丹江、泰来、安达、宝清、富锦、海伦、敦化、齐齐哈尔、虎林、鸡西、绥芬河、桦甸、锡林浩特、二连浩特、多伦、富蕴、阿勒泰、丁青、索县、冷湖、都兰、同德、若尔盖、玉树、大柴旦
	ⅠC			1 月份平均气温：−17～−11℃或者 1 月份平均气温：−10℃～−3℃且日平均气温≤5℃的天数大于 160 天	蔚县、长春、四平、沈阳、呼和浩特、赤峰、集安、临江、长岭、前郭尔罗斯、延吉、大同、额济纳旗、乌鲁木齐、塔城、张掖、德令哈、格尔木、张掖、克拉玛依、达尔罕联合旗、日喀则、隆子、稻城、甘孜、德钦、西宁

续表

分区名称		热工分区名称	一级区气候主要指标	二级区气候主要指标	代表性地区
Ⅱ	ⅡA	寒冷地区	1月平均气温 -11~0℃ 7月平均气温 18~28℃	7月平均气温<25℃	承德、张家口、太原、锦州、潍坊、海阳、日照、菏泽、临沂、离石、朝阳、乐亭、太原、离石、营口、丹东、大连、青岛、卢氏、榆林、延安、兰州、银川、天水、中宁、伊宁、喀什、和田、马尔康、拉萨、昌都、林芝
	ⅡB			7月平均气温≥25℃	北京、天津、石家庄、保定、邢台、德州、安阳徐州、亳州、定陶、沧州、济南、郑州、西安、哈密、库尔勒、吐鲁番、铁干里克、若羌
Ⅲ	—	夏热冬冷地区	1月平均气温 0~10℃ 7月平均气温 25~30℃	—	上海、南京、盐城、泰州、杭州、温州、丽水、舟山、合肥、铜陵、宁德、蚌埠、南昌、赣州、景德镇、吉安、广昌、邵武、三明、驻马店、固始、平顶山、上饶、武汉、沙市、老河口、随州、远安、恩施、长沙、永州、张家界、涟源、韶关、汉中、略阳、山阳、安康、成都、平武、达州、内江、重庆、桐梓、凯里、桂林
Ⅳ	—	夏热冬暖地区	1月平均气温 >10℃ 7月平均气温 25~29℃	—	福州、泉州、漳州、广州、梅州、汕头、茂名、南宁、梧州、河池、百色、北海、萍乡、元江、景洪、海口、琼中、三亚、台北
Ⅴ	ⅤA	温和地区	1月平均气温 0~13℃ 7月平均气温 18~25℃	1月平均气温≤5℃	贵阳、毕节、察隅、巴塘
	ⅤB			1月平均气温>5℃	西昌、攀枝花、昆明、大理、丽江、腾冲、临沧、个旧、思茅、盘县、兴义、独山

这些分区太阳辐射量很不一样，供暖与制冷的需求各有不同，就在同一个严寒地区，其严寒时间与严寒程度也有相当大的差别，因此，《农村居住建筑节能设计标准》中3.0.1条规定："农村住房节能设计应与地区气候相适应。"4.1.1

条规定："农村住房的选址与布置应根据不同的气候区进行选择。"

2. 农村住宅建设的基本原则

我国政府把实施可持续发展战略、节约资源、保护环境作为基本国策，努力建设资源节约型和环境友好型社会。随着城镇化步伐的加快，人民生活水平的不断提高，对住宅功能、舒适度等方面的要求越来越高，如果延续传统的分散、自发的建设模式，我国的资源和环境都将难以承受。因此，对农村住宅建筑进行规划时，需要从当地的气候条件、资源状况和农民的经济承受能力等方面综合考虑。《农村居住建筑节能设计标准》中 3.0.5 规定："农村住房建设应统一规划、合理布局、应以因地制宜、低成本、简单、高效为原则，符合当地气候、资源条件和农民经济承受能力。"

3. 农村住宅建设应考虑的环境因素

农村住房的外部环境因素，如：地表、地势、植被、水体、土壤方位及朝向等，将直接影响到建筑的日照得热和采光通风，并进而左右建筑室内环境的质量，因此在选址与建设时要尽量利用外部环境因素，因地制宜地满足建筑日照、采光、通风、供暖、降温、给水、排水等的需求。《农村居住建筑节能设计标准》中 3.0.6 规定："农村住房应充分利用建筑外部环境因素创造适宜的室内环境，减少对人工调节设备的依赖。"

2.2 建筑选址与布局

2.2.1 建筑选址

农村住宅的选址应根据气候分区进行选择。

1. 建筑选址应注意冬季防风和夏季有效利用自然通风的问题

在严寒和寒冷地区，为防止冬季冷风渗透而增加供暖能耗，农村住宅不宜选择建造在不避风的高地、河谷、河岸、山梁及崖边等地段，应选择避风基址建造；为防止"霜洞"效应，一般也不宜布置在洼地、沟底等凹地处，因为冬季冷气流容易在此处聚集，形成"霜洞"，从而使位于凹地的底层或半地下层建筑的供暖能耗增多。但是，在夏季炎热地区，建筑布置在上述地方却是相对有利的，因为这些地方往往容易实现自然通风，尤其是到了晚上，高处凉爽气流会自然的流向凹地，把室内热量带走，在节约能耗的基础上改善了室内热环境。

对于绝大多数地区而言，由于冬夏两季盛行的风向不同，住宅小区的选址和规划布局可以通过协调与权衡来解决防风与通风的问题，从而实现节能的目标。

2. 建筑选址应注意朝向问题

日照与人们的日常生活、健康、工作效率关系紧密，因此在规划设计中要注意合理利用太阳辐射。例如对于寒冷地区的冬季，住宅规划设计应在满足冬至日规定最低日照小时数的基础上，尽可能争取更长的日照时间，为此应在基地选址、朝向选择和日照间距上仔细考虑。

2.2.2 建筑布局

1. 建筑布局应合理

合理设计小区的建筑布局，可形成优化微气候的良好界面，建立气候"缓冲区"，对住宅节能有利。因此，小区规划布局中要注意改善室外风环境，在冬季应避免二次强风的产生以利于建筑防风，在夏季应避免涡旋死角的存在而影响室内的自然通风。

2. 建筑布局应注意日照与采光

农村住宅前后之间要留有足够的距离，以保证冬季阳光不被遮挡。在进行庭院规划时，应注意树木种植位置与住宅之间保持适当距离，避免对住宅的日照与采光条件造成过多不利影响。

3. 小区规划应注意热岛现象的控制与改善

对热岛现象控制的经验做法有：

（1）50%的非屋面不透水表面采用浅色、适当反射率（反射率 α 控制在 0.3～0.5）的地面材料。

（2）屋面尽量采用适当反射率（$0.3 \leqslant \alpha < 0.6$）和低反射率的材料，建筑物表面颜色尽量为浅色。适宜条件下推荐采用植被屋顶、蓄水屋面。

（3）利用适应当地气候条件的树木、灌木和植被为非屋面不透水表面提供遮阳。

（4）室外绿化应注重树木、草地等多样化手段的有机结合。

2.2.3　相关条文规定

1.《农村居住建筑节能设计标准》中 4.1.1 条规定："农村住房的选址与布置应根据不同的气候区进行选择。"4.2.1 条规定："严寒和寒冷地区农村住房不宜建造在不避风的高地、河谷、河岸、山梁及崖边等地段，且不宜建造在洼地、沟底等凹地处。"

2.《天津市农村住宅节能标准》中 3.1.1 条规定："建筑总平面的布置和设计，宜充分考虑利用太阳辐射，避开冬季主导风向，利用夏季凉爽时段的自然通风。"3.1.2 条规定："建筑的朝向、间距会对建筑内部通风、采光、日照和得热产生影响。应合理确定建筑的朝向、间距。"

3.《严寒和寒冷地区农村住房节能技术导则》中 3.3.3 规定："农村住房的前后应有足够的间距，庭院里的高大树木应与住房保持适当距离，避免建筑的南立面被高大的物体或建筑遮挡导致房间内采光不好。"

2.3　建筑平立面节能设计

2.3.1　建筑平面节能设计

在进行农村住宅节能设计时，要依照村镇住宅群的规划，紧密结合实际进行平面组合，做出农宅的平面设计。评价一个农宅的优劣不在于其面积的大小，而在于其与周围地理条件、自然环境的结合，满足家庭成员新的居住行为和居住心理要求。

我们称住宅内的家庭生活活动内容为居住行为。时代的发展已改变了广大农民日出而作，日落而息的生活方式；经济改革和文化水准的提高也已改变了大部分农民传统的乡村意识和生活方式。使得居住活动发生了极大的变化，要求既有开放的社交、娱乐空间（客厅），又要有私密性较强的安静舒适的学习、睡眠空间（书房、卧室）。

因此，根据《农村居住建筑节能设计标准》对住宅平面节能设计的要求，提出如下具体措施：

1. 根据气候特点进行合理的功能分区

以冬季气候较为寒冷的北方农村住宅为例，其住宅平面形式不能过于曲折，一般为横长方形，如图2-1所示。在平面布局上，为了接受更多的阳光和避开北面袭来的寒流应将房屋的长向朝南，门和窗均设置于朝南的一面。一般地，农民对贮藏室、厨房等辅助用房的使用频率和使用时间均大大低于主要居室，冬夏季对其温度的要求也不高，所以，这些房间可布置在日照、采光条件稍差的北侧或东西侧，而将客厅和卧室布置在环境质量好的向阳区域。这样不仅使客厅和卧室具有较高的室内温度，而且冬季可以使房间保温性能增强。

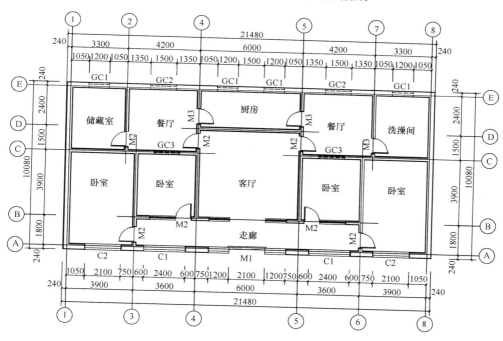

图 2-1　住宅平面布置图

2. 根据农户规模进行必要的户型设计

有些农民忽视住宅的科学性、合理性，不是根据农户规模，即家庭人员的实际需要确定住宅面积，而是一味追求建造大房。如天津某四口之家，住宅为180平方米的2层楼，楼下住不满，楼上全空着，不仅加大家庭经济的支出，而且造成能源的极大浪费。按家庭人口的实际需要来确定建筑面积，既为国家节约用地，为子孙后代造福，也为自己省下大量资金用来扩大副业生产以改善生活条件。

户型设计一般要考虑以下内容：

（1）户规模：是指每户人口的多少；

（2）户类别：是每户几代人的划分，即几辈人；

（3）户结构：我国家庭结构分为 5 类。即：

单身户：指成年人独居；夫妻户：指夫妻尚无子女或不与子女同居的家庭；主干户：指一对夫妻与一对已婚子女组成的家庭；联合户：指一对夫妻与两对及两对以上已婚子女组成的家庭或多对同代已婚兄弟姐妹组成的家庭；核心户：指一对夫妻及其未婚子女组成的家庭。

对天津周边农村调研发现：农村中 3～5 口人的家庭占 85％，但是呈递减趋势；2000 年后的农村住宅，以夫妻为基础的小家庭日益增多。所以根据这种现状，可逐渐减少不必要的卧室数量，设计时卧室间数可为家庭人口数减 1。

3. 平面布局应紧凑，功能分区应明确

首先，为方便施工，节约造价，农宅平面布局要求紧凑，一般卧室、厨房等围绕客厅（堂屋）布置，便于各室联系。比如楼梯口应正对堂屋，位置显著，易于寻找。

其次，客厅（堂屋）是住宅的中心，家人和客人的活动场所，属于住宅的闹区。而卧室属于静区，私密性较强，人员忌喧闹、穿越。图 2-1 所示的住宅功能分区明确，不同功能的房间互不干扰，同时避免了相互穿越，是一种较好的平面方案设计。

再者，各室开间尺寸应尽量统一，从节能和有利于创造舒适的室内环境的角度，《严寒和寒冷地区农村住房节能技术导则》以及《天津市农村住宅节能标准》中均规定了农村住宅功能空间的适宜尺寸，即"住房开间不宜大于 6.0m"。

2.3.2　建筑立面节能设计

农村住宅的建筑立面表现房屋四周的外部形象。建筑立面节能设计是在满足房屋使用要求和技术经济条件的前提下，运用建筑造型和立面构图的一些规律，紧密结合平面、剖面的内部空间组合下进行的。所以说，住宅体型、立面，以及内外空间组合等的比例协调，不仅是使立面完整统一的重要保证，同时也是衡量农宅是否节能的标准之一。而且，减少建筑热损失，降低供暖能耗更是"村镇住宅节能标准"中建筑立面节能设计的一个主要任务。

1. 倡导双拼式、联排式等住宅组合形式

在已制定的村镇住宅节能设计标准中明确规定了农宅宜采用的组合形式，具体内容如下：

（1）《农村居住建筑节能设计标准》中 4.2.5 条规定："农村住房宜采用双拼式、联排式或叠拼式集中布置。"

（2）《天津市农村住宅节能标准》中 3.1.3 条规定："农村住宅应以 2 层和 3 层为主，宜双拼式或联排式集中布置。"

（3）《严寒和寒冷地区农村住房节能技术导则》中 3.3.5 条规定："农村住房以单层和 2 层为主，当考虑占地面积时，可适当增加建筑层数。"

这些规定体现了农村住宅建设集约用地、集中建设、集聚发展的原则，积极倡导双拼式、联排式等节省占地面积，减少外围护结构的耗热量的布局方式，限制独立式住宅的建设，如图 2-2 所示。

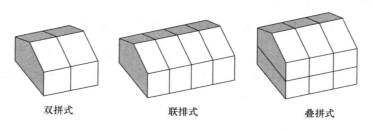

双拼式　　　　　　联排式　　　　　　叠拼式

图 2-2　农村住宅组合形式

2. 控制建筑体形系数

随着生活水平的提高，农民对农宅建筑的要求在布局上有了很大变化。为了获得更开阔的视野，追求更好的建筑外立面效果，村民相互攀比，致使农宅建筑的体型系数不断增加。体形系数，即建筑物与室外大气接触的外表面积与其所包围的体积的比值。体形系数的大小是影响建筑能耗的重要因素，因为通过建筑外围护结构的传热耗热量与传热面积成正比。显然，体形系数越大，说明单位建筑空间的热散失面积越大，能耗就越高。

《天津市农村住宅节能标准》中3.1.3条指出："建筑宜采用紧凑的体形，缩小体形系数，建筑体形系数宜小于0.55，以减少冬季热损失和夏季得热。"天津独立单层农宅的体形系数一般在0.6左右。可以说，较大的体形系数对于农村住宅的节能是极为不利的，由于平整、简洁建筑形式的体形系数较小，农村住宅节能设计可优先选用。

3. 合理的窗墙面积比

窗墙面积比是指窗户洞口面积与房间立面单元面积（即建筑层高与开间定位线围成的面积）之比，反映了房间开窗面积的大小。窗墙面积比既是影响建筑能耗的重要因素，也受建筑日照、采光、自然通风等满足室内环境要求的制约。

寒冷地区，北向为冬季主导风向，增大北向窗户面积将增加室内热损耗，所以，必要时可适当减少北向窗户面积；而南向窗户则要考虑尽量多的得到太阳辐射热，提高辐射热的吸收。但即使得到较多的南向太阳辐射热，如若窗墙面积比增大，建筑供暖、空调能耗也会随之增加，同样不利于农村建筑节能。《天津市农村住宅节能标准》中4.3.1条规定："门窗洞口尺寸应根据房间对采光、通风的需求选用，门窗所占面积不应过大，南向窗墙比不应大于0.5。"

《农村居住建筑节能设计标准》则更加强调严寒和寒冷地区"窗墙面积比"的重要性，4.3.6条规定："严寒和寒冷地区农村住房的外窗面积不应过大，南向宜采用大窗，北向宜采用小窗，窗墙面积比宜符合限值的规定。"而且，给出了严寒和寒冷地区农村住宅窗墙面积比的限值，如表2-2所示。

严寒和寒冷地区农村住宅的窗墙面积比限值   表2-2

朝　　向	窗墙面积比	
	严寒地区	寒冷地区
北	≤0.25	≤0.30
东、西	≤0.30	≤0.35
南	≤0.45	≤0.50

4. 因地制宜地选择外立面饰面材料

外墙粉饰作法很多，较普遍的有水刷面，平粘石，拉毛水泥、涂料等。

造价较高的有马赛克、面砖、干挂石材等。而北方地区的灰砖墙、东北地区的红砖墙等，外墙砌体本色就构成了住宅的外立面饰面，不仅具有浑厚、朴实、素雅的特性，也具有施工简单、投资少的特点，所以，节能设计中应优先考虑。

正如《天津市农村住宅节能标准》中提倡的"因地制宜，合理选用建筑节能技术"。所以，在制定农村住宅节能方案时，应从当地的资源状况和农民的经济承受能力等方面综合考虑，以因地制宜、低成本、简单、高效为原则。

2.4　住宅区域风环境优化设计

住宅小区室外空气流动情况对小区内的微气候有着重要的影响，良好的室外风环境，不仅意味着在冬季盛行风风速太大时不会在住区内出现人们举步维艰的情况，还应该是在炎热夏季有利于室内自然通风的进行（即避免在过多的地方形成旋涡和死角）。

但现在对建筑住宅进行规划时，往往是把注意力过多地集中在建筑平面的功能布置、美观设计及空间利用上，而很少注意住宅区内气流的流动情况。由于局部区域风速太大可能对人们的生活、行动造成不便，同时会在冬季使得冷风渗透变强，导致室内供暖负荷增加。从这一点上来说，《天津市农村住宅节能标准》在制定过程中认真考虑了"风漏斗"或"再生强风"的问题，并把此内容作为条文写进标准。

2.4.1　减少住宅区不当风场，进行合理防风

建筑高度对室外风环境有很大的影响。原因是高空风受高层建筑阻挡后，会在迎风面高度 2/3 处以下的部分形成风的涡流，把风引向地下，使得周围低层建筑物的风向有较大的影响，甚至使道路上的行人、自行车感到行动困难，产生"楼房风"的危害。有关人员对风速与舒适性关系进行了研究，提出应确保在建筑物周围人区 1.5m 处风速小于 5m/s，才能保证不影响人的正常行走。不同风速下人的感觉如表 2-3 所示。

不同风速下人的感觉   表 2-3

风　　速	人的感觉
$v < 5\text{m/s}$	舒适
$5\text{m/s} < v < 10\text{m/s}$	不舒适，行动受到影响
$10\text{m/s} < v < 15\text{m/s}$	很不舒适，行动受到严重影响
$15\text{m/s} < v < 20\text{m/s}$	不能忍受
$v > 20\text{m/s}$	危险

因此，对住宅区域风环境规划设计时必须根据严格执行标准、规范的要求，尤其在建筑单体设计和群体布局设计中，坚决避免不当风场而导致的强风卷刮等事件的发生。对于严寒、寒冷地区或冬季多风地区，住宅小区冬季防风时可采取措施如下：

1. 利用建筑物阻隔冷风，即通过适当布置建筑物，降低风速。建筑间距在1：2的范围以内，可以充分起到阻挡风速的作用，保证后排建筑不处于前排建筑尾流风的涡旋区之中，避开寒风侵袭。此外，还可利用建筑组合，将较高层建筑背向冬季寒流风向，减少寒风对中、低层建筑和庭院的影响。

2. 设置风障。可以通过设置防风墙、板、防风带之类的挡风措施来阻隔冷风。以实体围墙作为阻风措施时，应注意防止在背风面形成涡流。解决方法是在墙体上作引导气流向上穿透的百叶式孔洞，使小部分风由此流过，大部分的气流在墙顶以上的空间流过。

3. 避开不利风向。我国北方地区冬季寒流主要来自西伯利亚冷空气的影响，所以冬季寒流风向主要是西北风。故建筑规划中为了节能，应封闭西北向。同时合理选择封闭或半封闭周边式布局的开口方向和位置，使得建筑群的组合避风节能。图 2-3、图 2-4 给出了寒冷地区合理种植树木进行防风的例子。

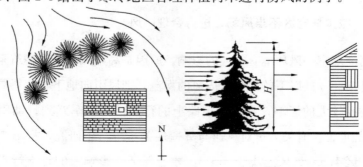

图 2-3　树木防风

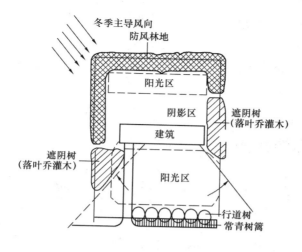

图 2-4　冬季植物防风

2.4.2　利用风向分布进行规划设计

解放初期，我国以"主导风向原则"进行城市的功能分区、城市规划设计。近 10 年来，我国工程技术界逐渐认识到这个原则不能一成不变地使用，原因是我国多数地区为季风气候、静风频率高。经过许多人的努力，现在已形成一套适合我国国情的城市规划设计原则，这个原则对于村镇住宅小区规划设计也是值得重视和借鉴的。

一般说来，我国的风向可以分为以下几个区：

1. 季风区：季风区的风向比较稳定，冬偏北，夏偏南，冬、夏季盛行风向的频率一般都在 20%～40%。冬季盛行风向的频率大于夏季。从图 2-5 中可以看出，我国从东北到东南大部分地区属于季风区。

2. 主导风向区（单一盛行风向区）：主导风向区一年中基本上吹一个方向的风，其风向频率一般在 50% 以上。我国主导风向区大致分为 3 个地区。Ⅱa 常年风向偏西，我国新疆的大半部和内蒙古、黑龙江的西北部基本属于这个区。Ⅱb 常年吹西南风，我国广西、云南南部属于这个区。Ⅱc 介于主导风向和季风两区之间，冬季偏西风，频率较大，约为 50%，夏季偏东风，频率较小，约 15%，青藏高原基本在这个区。

3. 无主导风向区（无盛行风向区）：这个区的特点是全年风向多变，各向频率相差不大且都较小，一般都在 10% 以下。我国陕西北部、宁夏等地在这个区内。

4. 准静风区：简称静风区，是指风速小于 1.5m/s 的频率大于 50% 的区域。我国四川盆地等属于这个区。

因此，村镇住宅小区进行规划设计的时候，应该考虑不同地区的风向特点，即按照我国不同的风向分区进行区别对待。

2.5　建　筑　日　照

太阳辐射直接影响居室热环境和建筑能耗，同时也是影响住户心理感受的重要因素。因此在村镇节能住宅的规划设计中，日照分析是一个不可缺少的环节。

日照的程度是用日照时数和日照百分率来衡量的，所谓日照时数是指太阳实际照射到某表面的时数；而日照百分率是指一定时间内某地日照时数与该地的可照时数的百分比。同一纬度的可照时数是相同的，但因各地云量、大气透明度等的不同，实际的日照时数会不一样，因而各地的日照百分率也不相同。日照百分率越大，则到达地面上的太阳辐射能的总和就越多，反之就越少。我国主要地区的全年日照百分率，以地处我国东北、华北、西北地区为最大，以地处四川盆地地区为最小，而位于长江中下游、华南及云贵高原地区居中。

《农村居住建筑节能设计标准》、《天津市农村住宅节能标准》均指出，住宅间距应以满足日照要求为基础，综合考虑采光、通风、防火、视觉卫生等要求。《严寒和寒冷地区农村住房节能技术导则》中 3.3.9 条规定："农村住房的平面设计应有利于冬季日照、避风和夏季自然通风。"《陕西省农村建筑节能技术导则》中 3.2.1 条同时规定："建筑总平面的布置和设计，宜充分利用冬季日照并避开主导风向，利用夏季凉爽时段的自然通风。"

另外，根据《城市居住区规划设计规范》的规定，设计单位应在设计初期进行日照间距的计算。目前普遍的做法是沿用住宅间距系数的方法估算，即日照间距＝建筑的高度×日照间距系数。表 2-4 给出了我国部分地区日照间距系数。

我国部分地区日照间距系数　　　表 2-4

序号	城市名称	纬度（北纬）	日照间距系数
1	哈尔滨	45°45′	1.5～1.8
2	北京	39°57′	1.6～1.7
3	天津	39°06′	1.2～1.5
4	上海	31°12′	0.9～1.1
5	武汉	30°38′	0.7～0.9 1.0～1.1
6	重庆	29°34′	0.8～1.1
7	广州	23°08′	0.5～0.7

2.6　建筑朝向及其他

　　选择合理的住宅建筑朝向是住宅群体布置中优先考虑的问题。影响住宅朝向的因素很多，如地理纬度、地段环境、局部气候特征及建筑用地条件等。值得指出，所谓"最佳朝向"的提法蕴含着明显的地域特征，它是在综合考虑了当地地理、气候条件下对朝向的研究结论。

　　朝向选择需考虑的因素有：冬季日照和防风、夏季防晒和自然通风、降雨、利用地形和节约用地等。根据以上考虑，我国部分地区住宅最佳朝向和适宜朝向如表 2-5 所示，供村镇规划设计时参考。

我国部分地区住宅最佳朝向和适宜朝向　　　表 2-5

序号	地区	最佳朝向	适宜朝向	不宜朝向
1	哈尔滨	南偏东 15°～20°	南至南偏东 20° 南至南偏西 15°	西北、北
2	北京	南偏东 30°以内 南偏西 30°以内	南偏东 45°以内 南偏西 45°以内	北偏西 30°以内
3	上海	南至南偏东 15°	南偏东 30° 南偏西 15°	北、西北
4	武汉	南偏西 15°	南偏东 15°	西、西北
5	广州	南偏东 15° 南偏西 5°	南偏东 22°30′ 南偏西 5°至西	

围护结构节能技术与相关标准 3

围护结构是指围合建筑空间四周的墙体、屋顶、门窗、地面等，这些构成了建筑空间，抵御环境不利影响。根据在建筑物中的位置，围护结构一般特指外围护结构，分透明和不透明两部分，透明围护结构有窗户、门等，不透明围护结构有外墙、屋顶和地面。

现在，我国村镇住宅的围护结构仍采用常规做法，保温性能差，外墙和屋面传热系数大大超出居住建筑节能设计标准的限值，致使农村供暖能耗浪费严重。在这种情况下，已制定的村镇住宅节能标准从村镇的实际出发，为农村住房提供全面、系统的围护结构节能技术措施，将有效指导基层的技术人员和有一些建筑知识的农民能自建节能住房和对既有住房进行节能改造。

3.1 围护结构传热系数与保温材料

3.1.1 围护结构传热系数

传热系数是指围护结构两侧空气温差为 1K 的情况下，在单位时间内通过单位面积围护结构的传热量。传热系数越大能耗浪费越严重，所以，确定合理的传热系数值非常重要。

村镇住宅节能标准均对围护结构各部位的传热系数提出了明确的限值，《农村居住建筑节能设计标准》则分区给出了传热系数的限值。

5.2.1 条规定："严寒和寒冷地区农村住房围护结构的传热系数不宜大于表中的规定限值。"见表 3-1；

5.2.2 条规定："夏热冬冷、夏热冬暖及温和地区农村住房围护结构的传热系数和热惰性指标不宜超过表中的规定限值。"见表 3-2。

严寒和寒冷地区农村住房围护结构传热系数限值   表 3-1

建筑气候区	围护结构部位的传热系数 K（W/m²·K）						
	外墙	屋面	吊顶	外窗		外门	地面
				南向	其他向		
严寒（A）区	0.40	0.30 /	/ 0.35	2.2	2.0	2.0	0.58
严寒（B）区	0.45	0.35 /	/ 0.40	2.2	2.0	2.0	0.67
严寒（C）区	0.50	0.40 /	/ 0.45	2.2	2.0	2.0	0.80
寒冷（A）区	0.56	0.45 /	/ 0.50	2.5	2.2	2.5	1.30
寒冷（B）区	0.65	0.50	/	2.8	2.5	2.5	1.30

夏热冬冷、夏热冬暖及温和地区农村住房围护结构传热系数和

热惰性指标限值   表 3-2

建筑气候分区	围护结构部位的传热系数 K（W/m²·K）及热惰性指标 D				
	外墙	屋面	户门	外窗	
				卧室、起居室	厨房、卫生间、储藏间
夏热冬冷地区	$K\leqslant1.8$，$D\geqslant3.0$ $K\leqslant1.0$，$D<3.0$	$K\leqslant1.0$，$D\geqslant3.0$ $K\leqslant0.8$，$D<3.0$	$K\leqslant3.0$	$K\leqslant3.2$	$K\leqslant4.7$
夏热冬暖地区	$K\leqslant2.0$，$D\geqslant3.0$	$K\leqslant1.0$，$D\geqslant3.0$	$K\leqslant3.0$	$K\leqslant3.0$	$K\leqslant4.7$
温和（A）区	$K\leqslant2.0$，$D\geqslant3.0$	$K\leqslant1.0$，$D\geqslant3.0$	$K\leqslant3.0$	$K\leqslant3.2$	$K\leqslant4.7$
温和（B）区	—	—	—	—	—

3.1.2 围护结构保温材料

不同材料的性能不同，当然其保温的效果也就不同，应根据住宅工程的实际情况，所选材料的保温性能和保温范围要与建筑环境相适应。在正常使用条件下，良好的保温材料不会有较大的变形损坏。应如何选用保温材料，需综合考虑以下几点并进行比较后才能确定。

1. 保温材料的导热系数

保温材料在相同保温效果的前提下，导热系数小的材料其保温材料的保温层厚度就可以做得更薄，保温结构所占的空间就更小。

2. 材料强度

保温材料由于有时需要承受一定的风、雪荷载，并且还要承受人为的外力冲击等。这样就需要保温材料具有一定的机械强度，用以传递并抵抗外力作用。

3. 材料的寿命及危害

任何材料都具有一定的使用年限，保温材料也要与被保温建筑的设计周期相适应，以免造成不必要的浪费。而且，在人居的环境中，保温材料不得产生任何对人身有害的化学气体或杂质。

4. 保温材料的安全性

保温材料应具有阻燃性，所谓阻燃性，就是所选用的保温材料应具有不燃或难燃的性能，防止火灾所造成的损失。

除了以上几个方面外，保温材料还应具有合适的价格，良好的施工特性，并利于保证施工质量。《农村居住建筑节能设计标准》中5.1.2条规定："农村住房围护结构的保温材料宜就地取材，宜采用适于农村应用条件的当地产品。"也就是说，村镇住宅的建筑保温材料应因地制宜，就地取材，选择适合村镇现有经济条件的保温材料。常用的保温材料可参考表3-3。

常用的保温材料性能　　　　　　　　　　　　　表 3-3

保温材料名称	性能特点	应用部位	主要技术参数	
			密度 ρ_0 (kg/m³)	导热系数 λ (W/m·K)
模塑聚苯乙烯泡沫塑料板（EPS板）	质轻、导热系数小、吸水率低、耐水、耐老化、耐低温	外墙、屋面、地面保温	18~22	≤0.042
挤塑聚苯乙烯泡沫塑料板（XPS板）	保温效果较EPS好、价格较EPS贵、施工工艺要求复杂	屋面、地面保温	25~32	≤0.030

续表

保温材料名称		性能特点	应用部位	主要技术参数	
				密度 ρ_0 (kg/m³)	导热系数 λ (W/m·K)
草砖		利用稻草和麦草秸秆制成，干燥时质轻、保温性能好，但耐潮、耐火性差，易受虫蛀，价格便宜	框架结构填充外墙体	≥112	0.13
膨胀玻化微珠		具有保温性、抗老化、耐候性、防火性、不空鼓、不开裂、强度高、粘结性能好，施工性好等特点	外墙	260～300	0.07
草板	纸面草板	利用稻草和麦草秸秆制成，导热系数小，强度高	可直接用作非承重墙板	单位面积重量 ≤26 kg/m² （板厚58mm）	热阻＞0.537 m²·K/W
	普通草板	价格便宜，需较大厚度才能达到保温效果，需作特别的防潮处理	多用作复合墙体夹心材料；屋面保温	300	0.13
憎水珍珠岩板		重量轻、强度适中、保温性能好、憎水性能优良、施工方法简便快捷	屋面保温	200	0.07
复合硅酸盐		粘结强度好，容重轻，防火性能好	屋面保温	210	0.064
稻壳、木屑、干草		非常廉价，有效利用农作物废弃料，需较大厚度才能达到保温效果，可燃，受潮后保温效果降低	屋面保温	100～250	0.047～0.093
炉渣		价格便宜、耐腐蚀、耐老化、质量重	地面保温	1000	0.29

3.2 墙体保温节能技术

对墙体进行保温,主要就是阻止外界热量和室内热量的传入和输出,具体包括两种节能措施,即采用保温节能墙体以及对墙体设置保温层。

3.2.1 保温节能墙体

《农村居住建筑节能设计标准》指出:严寒和寒冷地区农村住房的墙体应采用保温节能材料,夏热冬冷、夏热冬暖及温和地区农村住房的外墙宜优先选择墙体自保温构造形式。

农村住房应选择适合当地经济技术及资源条件的建筑材料,常用的保温节能墙体砌体材料性能如表 3-4 所示。

保温节能墙体砌体材料性能 表 3-4

砌体材料名称	性能特点	用途	主规格尺寸 (mm)	主要技术参数	
				干密度 ρ_0 (kg/m³)	当量导热系数 λ (W/m·K)
烧结非黏土多孔砖	以页岩、煤矸石、粉煤灰等为主要原料,经焙烧而成的砖,空洞率≥15%,孔尺寸小而数量多,相对于实心砖,减少了原料消耗,减轻建筑墙体自重,增强了保温隔热性能及抗震性能	可做承重墙,砌筑时以竖孔方向使用	24×115×90	1100～1300	0.51～0.682
烧结非黏土空心砖	以页岩、煤矸石、粉煤灰等为主要原料,经焙烧而成的砖,空洞率≥35%,孔尺寸大而数量少,孔洞采用矩形条孔或其他孔型,且平行于大面和条面	可做非承重的填充墙体	240×115×90	800～1100	0.51～0.682

砌体材料名称	性能特点	用途	主规格尺寸（mm）	主要技术参数	
				干密度 ρ_0（kg/m³）	当量导热系数 λ（W/m·K）
普通混凝土小型空心砌块	以水泥为胶结料，以砂石、碎石或卵石、重矿渣等为粗骨料，掺加适量的掺合料、外加剂等，用水搅拌而成	承重墙或非承重墙及围护墙	390×190×190	2100	1.12（单排孔）；0.8～0.91（双排孔）；0.6～0.65（三排孔）
加气混凝土砌块	与一般混凝土砌块比较，具有大量的微孔结构，质量轻，强度高。保温性能好，本身可以做保温材料，并且可加工性好	可做非承重墙及围护墙	600×200×200	500～700	0.14～0.31
混凝土多孔砖	兼具黏土砖和混凝土小砌块的特点，外形特征属于烧结多孔砖，材料与混凝土小砌块类同，抗冻性能好	承重墙或非承重墙及围护墙	240×115×90	1500	1.51

3.2.2　墙体保温层设置

墙体保温层的设置方式主要有三种：内保温，即保温层设置在外墙室内的一侧；外保温，即保温层设置在外墙的室外一侧；夹芯保温，即保温层设置在外墙的中间部位。

无论是外保温、内保温还是夹芯保温，都能够提高冷天外墙内表面温度，使室内气候环境有所改善。然而，供用外保温方式的效果更加良好，这是因为：①外保温可以有效避免产生热桥；②外保温有利于改善室内热环境；③外保温不仅增加了住宅的使用面积近 2%，而且还没有对室内装修的限制；④外保温可以保护主体结构，延长建筑寿命；⑤外保温可以有效降低内墙表面结露的可能性，在采用同样厚度的保温材料条件下，外保温要比内保温的热损失减少约 1/5，从而节约供暖能耗。《天津市农村住宅节能标准》列出了适合村镇住宅建筑结构体系的外墙保温方式，如表3-5所示。

村镇住宅外墙保温常见构造形式和保温材料厚度选用　　　　表3-5

序号	名称	构造简图	构造层次	保温材料厚度参考值（mm）
1	多孔砖墙EPS板外保温		1—20厚混合砂浆 2—240厚多孔砖墙 3—水泥砂浆找平层 4—胶粘剂 5—EPS板 6—5厚抗裂砂浆耐碱玻纤网格布 7—饰面层	50～60
2	混凝土空心砌块EPS板外保温		1—20厚混合砂浆 2—190厚混凝土空心砌块 3—水泥砂浆找平层 4—胶粘剂 5—EPS板 6—5厚抗裂砂浆耐碱玻纤网格布 7—饰面层	55～65
3	混凝土空心砌块EPS板夹芯保温		1—20厚混合砂浆 2—190厚混凝土空心砌块墙 3—胶粘剂 4—EPS板 5—90厚外砌块 6—饰面层	50～60
4	非黏土实心砖（烧结普通页岩、煤矸石砖）	EPS板外保温	1—20厚混合砂浆 2—240厚非黏土实心砖墙 3—水泥砂浆找平层 4—胶粘剂 5—EPS板 6—5厚抗裂胶浆耐碱玻纤网格布 7—饰面层	60～70
		EPS板夹芯保温 拉结钢筋网片	1—20厚混合砂浆 2—240厚非黏土实心砖墙 3—EPS板 4—20空气层 5—120厚非黏土实心砖墙 6—饰面层	90～100

序号	名称	构造简图	构造层次	保温材料厚度参考值（mm）
5	土坯墙		1—内墙抹灰 20 厚 2—土坯 3—外墙页岩砖，墙体砌块	墙体外层：页岩砖，墙体砌块等＋墙体内层：砌好的土坯

目前，外墙外保温技术体系已经成熟，节能标准均指出村镇住宅应优先选用外保温技术，具体内容如下：

《农村居住建筑节能设计标准》中 5.3.3 条规定："严寒和寒冷地区农村住房宜采用外墙外保温技术或夹心保温技术，保温材料的厚度应经过计算确定。"

《严寒和寒冷地区农村住房节能技术导则》中 6.1.5 条规定："围护结构进行节能改造时，应根据建筑的建成年代、类型，建筑现有立面形式和外装饰材料确定采用何种保温技术，一般应优先选用外保温技术。"

《天津市农村住宅节能标准》中 4.2.2 条规定："农村住宅宜优先选择外墙外保温技术，保温材料和厚度应经过计算确定。"

《陕西省农村建筑节能技术导则》中 9.2.1 条规定："墙体节能构造优先采用外保温技术，并与建筑改、扩建结合。"

但由于经济条件和施工工艺的限制，外墙外保温技术在村镇住宅中还没有得到广泛应用，所以根据节能标准以及实际情况可选用以下方法：

1. 对于已有的村镇住宅，墙体保温做法可参考"表 4-5 村镇住宅外墙保温常见构造形式和保温材料厚度选用"中的 1-4 项内容，即利用聚苯乙烯（ESP）薄板对外墙进行保温改造。

2. 对新建村镇住宅，可以使用适用于农村的节能墙体，即改良后的土坯墙。墙体材料主要包括墙体砌块（砖）和土坯，即针对原有土坯墙的缺点进行了改进，增加了原有墙体的抗压、抗剪能力。如"表 4-5 村镇住宅外墙保温常见构造形式和保温材料厚度选用"中的第 5 项内容。

土坯的做法很简单，用水和泥，加上打碎的麦秸草，灌到方形坯模里至晾干，可根据墙体的承重要求调整土坯中麦秸草与土的比例以及土坯的尺寸。就天津农村住宅而言，麦秸草与土的配比要达到为 1∶50（重量比），土坯的长×宽×高可规定为 600mm×420mm×120mm，剖面图如图 3-1 所示。

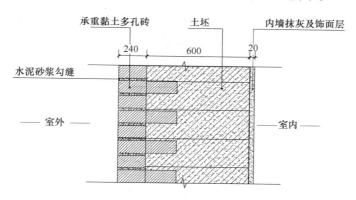

图 3-1　墙体剖面图

在墙体厚度一定的条件下，导热系数越低，保温效果越好。土坯不仅导热系数低，而且具有良好的透气性。墙体设计中强调了墙体内外层的分区，墙体外层即墙体接触室外空气部分，可采用 240mm 厚的承重黏土多孔砖；内层为砌好的 600mm 厚的土坯，内抹白灰砂浆。另外，为了保证两层墙体黏结密实，增强墙体的抗压、抗剪能力，在施工中，不仅要求砌法长短相互结合，采用顺砌和丁砌的方法，而且还要墙体内外层的连接处要用适量草泥填塞缝隙，并用水泥砂浆勾缝。

经计算，墙体的传热系数为 0.72 W/(m²·K)，虽然高于《天津市农村住宅节能标准》中 0.6 W/(m²·K) 的规定，但是在很大程度上降低了原有农宅的传热系数值。而且在村镇推广围护结构建筑节能需要一定的时间，不能一蹴而就。

可以说，节能墙体建成后房屋的保温隔热性能将大大提高，而且土坯是利用农村秸秆、芦苇等普通的天然材料，可以就地取材，经济费用很低，更利于在农村推广。

3.3　屋　面　节　能　技　术

屋面是除了外墙以外建筑物与外界最大的接触面，其构造将会极大地影响建筑的节能效率。屋面保温是为了降低住宅的供暖耗热量和改善房屋冬季的热环境质量，屋面保温设计应依据村镇住宅节能标准进行。

村镇住宅的屋面形式分为平屋面和坡屋面。平屋面通常采用钢筋混凝土楼板承重屋面，坡屋面的构造是木结构瓦屋面，农民多使用锯末、秸秆、芦苇、稻草等做保温，且农村房屋结构 82.5％为坡屋面，其构造便于设置保温层。由于屋面面积在整座房屋所占比例较大，其耗热量所占比例当然也较大，《天津市农村住宅节能标准》中 4.4.1 条规定："屋面应设保温层，保温层应覆盖整个屋面范围。"以下将标准中涉及的平屋面和坡屋面的保温节能措施进行分类介绍。

3.3.1 坡屋面节能技术

1. 传统的坡屋面

《天津市农村住宅节能标准》中 4.4.3 条规定："木屋架屋面吊顶内的保温材料宜采用模塑聚苯乙烯泡沫塑料板、膨胀珍珠岩，也可采用草木灰、稻壳、锯末以及生物质材料制成的板材；木屋架吊顶层应采用耐久性、防火性好，并能承受铺设保温层荷载的构造和材料。"

所以说，村镇住宅坡屋面设计仍然可以采用传统方式，屋面保温构造做法如图 3-2 所示。为了提高屋面保温性能，一方面，根据芦苇的承载力，天津地区可适当加厚泥浆的厚度至 80mm，以及调整泥浆中秸秆草与土的重量配比，使泥中秸秆草与土的重量配比为 1：50；另一方面，可将芦苇绑扎成捆，厚度增加到

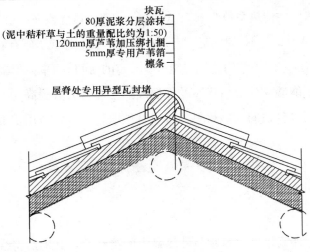

图 3-2　坡屋面保温构造做法

120mm，苇捆下铺设5mm厚芦苇箔，这样既可以起到防水、保温的作用，又可以显著地降低屋面的传热系数，改良后的屋面传热系数值为0.34W/（m²·K），小于《天津市农村住宅节能标准》中0.5W/（m²·K）的规定值。

2. 阁楼屋面

阁楼的空间高大，有良好的防雨和防晒功能，能有效地改善住宅顶部的热工性能。寒冷地区阁楼屋顶的楼板应做保温处理，夏热冬冷和夏热冬暖地区设有空调装置的住宅阁楼，其楼板也应做适当的隔热处理。

阁楼通风夏季将有利于阁楼屋顶隔热性能的提高，但冬季为提高阁楼的保温性能应使阁楼保持良好的气密性，故阁楼的通风口应设计成可开启、关闭的形式，如图3-3所示。

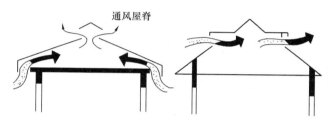

图 3-3　阁楼屋面通风示意图

3.3.2　平屋面节能技术

1. 严寒和寒冷地区平屋面

平屋面通常的保温做法是将容重低、导热系数小、吸水率低、有一定强度的轻质高效保温材料设置在防水层与找坡层之间。正如《农村居住建筑节能设计标准》中所规定的"钢筋混凝土屋面的保温层应设在钢筋混凝土结构层上"，这样不仅能够使屋面的热工性能得到有效的保证，而且还能使屋面的楼板受到保温层的保护而不致受到过大的温度应力，以避免屋面构造层内部的冷凝。平屋面构造做法如图3-4所示。

2. 夏热冬冷和夏热冬暖地区平屋面

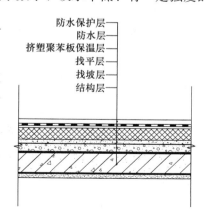

防水保护层
防水层
挤塑聚苯板保温层
找平层
找坡层
结构层

图 3-4　平屋面构造做法示意图

对于夏热冬冷和夏热冬暖地区村镇住宅的屋面可采用种植屋面，即利用屋面上种植的植物阻隔太阳能防止房间过热的一项隔热措施。其隔热有三个方面：一是植被茎叶的遮阳作用，可以有效地降低屋面的室外综合温度，减少屋面的温差传热量；二是植物的光合作用消耗太阳能用于自身的蒸腾；三是植被基层的土壤或水体的蒸发消耗太阳能。因此，种植屋面是一种十分有效的隔热节能屋面，如果植被种类属于灌木科则还可以有利于固化二氧化碳，释放氧气，净化空气，发挥出良好的生态功效。其构造如图3-5所示。

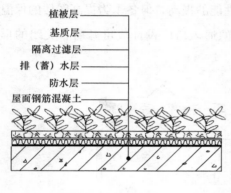

图 3-5　种植屋面构造图

《农村居住建筑节能设计标准》中5.5.6条对种植屋面提出了明确的规定。

"夏热冬冷、夏热冬暖及温和地区农村住房的屋面可采用种植屋面，种植屋面应符合下列规定：

（1）新建住房种植屋面的结构承载力必须包括种植荷载，既有住房屋面改造成种植屋面时，荷载必须在屋面结构承载力允许范围内；

（2）种植屋面的结构层宜采用现浇钢筋混凝土；

（3）当屋面坡度大于20%时，其保温隔热层、防水层、排（蓄）水层、种植土层等应采取防滑措施。屋面坡度大于50%时，不宜做种植屋面；

（4）倒置式屋面不应做满覆土种植；

（5）屋面种植宜选择滞尘和降温能力强，并适应当地气候条件的植物。"

3.4　门窗节能技术

在农村住宅建筑中造成门窗热损失有两个途径：一是通过门窗面积；二是通过门窗缝隙。所以，在进行门窗节能设计时，关键是看透明部分也就是玻璃的热工性能如何，其次是门窗框型材的类型（影响窗的传热系数和遮阳系数）和门窗的制作质量（影响窗的气密性）。以下主要从窗玻璃的节能技术、窗框技术以及窗的遮阳技术等方面进行介绍。

3.4.1 玻璃节能技术

外窗作为建筑围护结构耗能的主要构件，具有巨大的节能潜力，目前常见的节能玻璃为镀膜玻璃、Low-E玻璃、中空/真空玻璃。下面分别对这三种玻璃进行简单介绍。

1. 镀膜玻璃

常见的节能玻璃是镀膜玻璃。它是在普通平板玻璃上通过离线镀膜方式或在线镀膜方式在玻璃表面喷涂一层或几层特种金属氧化物膜而成。由于镀膜后玻璃对于热辐射光谱的选择性吸收、透射和反射作用发生了根本性的改变，因而玻璃的热工性能也随之发生了变化。也就是说，利用镀膜玻璃夏季把由室外道路以及周围建筑物吸收太阳能而产生的红外辐射阻挡在室外，降低建筑物空调设备费用；而冬季则又利用玻璃的性能保持室内温度，营造了舒适的建筑热环境。

另一种常见的镀膜玻璃是热反射玻璃，热反射玻璃只能透过可见光和部分近红外光，对 $0.35\mu m$ 以下的紫外光和 $0.35\mu m$ 以上的中、远红外光不能透过，即可以将大部分的太阳光吸收和反射。而且，镀膜热反射玻璃表面金属层极薄，使其在迎光面具有镜子的特性，而在背光面又如玻璃窗般透明，对建筑物内部起到了遮蔽及帷幕作用。

2. Low-E玻璃

由于热反射玻璃在反射红外光的同时对可见光的透射也有很大衰减，对可见光的高反射率也会导致对环境的光污染，并且反射膜对近红外辐射普遍具有较高的透射率，这种特性显然不是夏季所需要的。因此，目前使用更为广泛的是低辐射镀膜(Low-E)玻璃。Low-E玻璃，是利用真空沉积技术，在玻璃表面沉积一层低辐射涂层，一般由若干金属或金属氧化物薄层和衬底层组成。普通玻璃的红外发射率约为0.8左右，对太阳辐射能的透射比高达84%，而Low-E玻璃的红外发射率最低可达到0.03，能反射80%以上的红外能量。但目前价格偏高，约为普通中空玻璃的1.5倍。

3. 中空/真空玻璃

为了实现更好的节能效果，除了在玻璃表面附加Low-E膜以外，在普通中空玻璃中充惰性气体或者抽真空都是常用的手段。

图 3-6　中空玻璃

普通中空玻璃是由两片或多片玻璃，以有效的支撑均匀隔开，周边黏结密封，使玻璃层间形成干燥气体空间，如图 3-6 所示。

中空玻璃内部填充的气体除空气之外，还有氩气、氪气等惰性气体。在很大程度上，降低了玻璃的传热系数。而且普通中空玻璃的适用范围具有局限性。《农村居住建筑节能设计标准》中规定"夏热冬暖地区宜采用单框单玻塑钢或铝合金窗"。可见，夏热冬暖地区，使用透明中空玻璃不是最好的选择，因为在这类地区，中空玻璃与单层玻璃窗相比，夏季更容易形成温室效应，对节能反而不利。为了进一步提高普通中空玻璃的隔热性能，可以将玻璃之间气体夹层抽成真空制作后使用。

3.4.2　节能窗框技术

根据窗户所用型材的不同，一般村镇住宅可选用铝合金窗或 PVC 塑料窗。

铝合金窗的窗框型材为铝合金，重量轻，强度高，耐久性好，水密性、抗风压性和采光性能均较高，装饰效果好。但铝合金窗保温隔热性能差，无断热措施的铝合金窗框的传热系数远高于其他非金属窗框。为了提高该金属窗框的隔热保温性能，现已开发出多种热桥阻断技术。经过断热处理后，窗框的保温性能可提高 30%～50%，如图 3-7 所示。一些断热处理好的铝框其传热系数甚至要优于一些塑钢窗框。

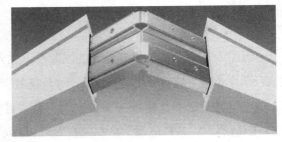

图 3-7　断热处理的铝合金窗框

经新技术表面处理的金属质感的 PVC 塑料窗，其突出特点是保温性能好。PVC 是一种具有良好隔热性能的通用塑料，此种材料做窗框时，为了改善其自身的结构强度，往往在型材的空腔内添加钢衬。

就热工性能来说，PVC 塑料窗可与木窗媲美，而且 PVC 窗框无需上漆，没有表面涂层会被破坏或是随着时间而消退的问题，颜色可以保持至终，因此表面无需养护。它还可以进行表面处理，如外压薄板或覆涂层，增加颜色和外观的选择。

然而由于塑料型材的拉伸强度是铝型材的 1/3，弹性模量是铝型材的 1/36，因此，塑料型材的界面尺寸和壁厚不得不设计得比铝型材的大，而且还要在其型材空腔中增加钢衬，以满足窗的抗风压强度和装配五金附件的需要。所以塑料窗断面比较粗大，其框扇构件遮光面积比铝窗大 10% 左右，采光性能也就略差一些。此外，PVC 塑料型材还具有不耐燃烧，光、热老化，受热变形、遇冷变脆等问题。

根据不同玻璃特点，以及不同的窗框型材，《农村居住建筑节能设计标准》中规定了村镇住宅的外窗选用类型，如表 3-6 所示。

村镇住宅外窗选用表

表 3-6

窗框型材	外窗类型	玻璃之间空气层厚度 (mm)	传热系数 (W/ (m² · K))
塑料	单玻平开窗	—	4.7
	中空玻璃平开窗	6～12	3.0～2.5
		24～30	≤2.5
	双中空玻璃平开窗	12+12	≤2.0
	单玻平开窗组成的双层窗	≥60	≤2.3
	单玻平开窗+中空玻璃平开窗组成的双层窗	中空玻璃 6～12 双层窗≥60	2.0～1.5
	低辐射镀膜（Low-E）中空玻璃平开窗	6～12	2.2～1.7
	真空玻璃平开窗	—	≤2.0
铝合金	中空玻璃平开窗	6～12	5.3～4.0
	中空玻璃断热型材平开窗	6～12	≤3.2
	双中空玻璃断热型材平开窗	12+12	2.2～1.8
	低辐射镀膜（Low-E）中空玻璃断热型材平开窗	6～12	3.0～2.5
	单玻平开窗组成的双层窗	≥60	3.0～2.5
	单玻平开窗+中空玻璃平开窗组成的双层窗	中空玻璃 6～12 双层窗≥60	≤2.5

对于天津而言，冬季的主导风向为西北风，村镇住宅可以适当减少北窗面

积，并采用低辐射玻璃和中空玻璃。另外，南向窗户要多得到太阳的辐射热，应提高辐射热的吸收，但是天津实属寒冷地区，热工设计要仍以保温为主。所以，设计中可适量开大南窗，使用密封和保温性能好的双中空玻璃断热型材窗。对于严寒地区，《农村居住建筑节能设计标准》5.4.1 条已给出规定："严寒地区的农村住房南向宜采用单框三玻中空塑钢窗，北向宜采用单层玻璃窗与单框双玻中空塑钢窗组成的双层窗"。

3.4.3　提高气密性减少渗透损失

在建筑结构中，门窗的缝隙是冷风渗透的主要通道。我国多数门窗的气密性都较差，在风压和热压的作用下，冬季室外冷空气通过门窗缝隙进入室内，会增大建筑的耗热量。为了有效地减少热损失，应合理选择窗的结构。目前在我国建筑结构中常用的窗型一般包括推拉窗、固定窗和平开窗，常用窗的结构如图 3-8 所示。

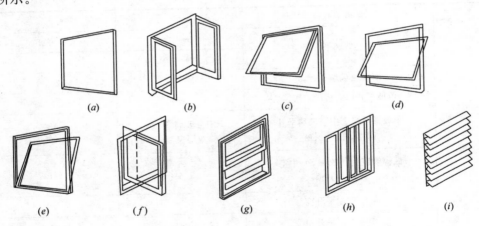

图 3-8　常用窗结构

(a) 固定窗；(b) 平开窗；(c) 上悬窗；(d) 中悬窗；(e) 下悬窗；

(f) 立转窗；(g) 垂直推拉窗；(h) 水平推拉窗；(i) 百叶窗

对于窗的制作过程中影响窗气密性的问题，《农村居住建筑节能设计标准》以及《天津市农村住宅节能标准》均给出了严格的规定，即"农村住房外窗宜采用平开窗，外窗应具有良好的密闭性能，外窗气密性等级不应低于现行国家标准《建筑外窗气密、水密、抗风压性能分级及检测方法》GB/T 7106—2008 的 4 级规定。"

3.4.4 遮阳技术

夏季太阳光透过玻璃门窗进入室内，不仅使室内温度升高，还增加了空调的能耗，然而，任何窗户都无法阻挡太阳直射光的进入。因此，结合门窗采用一定的装置和措施对太阳光进行控制，以达到阻断直射阳光透过玻璃进入室内，防止阳光过分照射和加热建筑围护结构，为室内营造舒适的热环境，降低室温和空调能耗，改善室内光环境和建筑节能的目的。《农村居住建筑节能设计标准》中5.4.3条规定："夏热冬冷、夏热冬暖及温和（A）区农村住房向阳面的外窗应采用有效的遮阳措施。"

遮阳形式按其安装位置一般可以分为内遮阳和外遮阳。

1. 内遮阳

建筑内遮阳是住宅建筑最常使用的遮阳形式。内遮阳对通过玻璃系统进入室内的辐射进行遮挡，可以使光亮表面的眩光及反射光线大幅度减小，紫外线照射减弱，营造清雅舒适的室内环境，节省能源。内置遮阳经济易行，调节灵活，又方便安装和拆卸，是住宅建筑中使用最多的遮阳措施。

内遮阳的样式很多，既有住户自己制作的简单布帘又有由生产商制作的卷帘、百叶帘或百叶窗等。浅色的窗帘比深色的遮阳效果要好，因为浅色反射的热量更多，吸收的少。遮阳百叶可以依据用户的需求，调节角度，综合满足遮阳、采光和通风的需求。

2. 外遮阳

夏季外窗遮阳节能设计应该首选外遮阳。使用外遮阳往往不只是使用者个人的事情，因为建筑立面会不可避免地为之改观。经常可以看到，夏季炎热地区一些未经过遮阳设计的住宅建筑，许多住家各自拉起了帆布篷，或者安装遮阳板等。形形色色的遮阳设施使建筑立面杂乱无章。而有些不当的遮阳措施既达不到有效的隔热，还给居住生活带来不便。所以，村镇住宅外遮阳可采用固定遮阳或活动板遮阳措施。而遮阳板根据采光窗口的朝向不同，一般又有水平百叶（南向）和竖直百叶（东西向）之分，以及这二者相结合的一系列灵活的遮阳形式，这就需要在建筑设计时，结合造型予以充分的考虑。

（1）水平遮阳

对于村镇住宅朝南的房间一般采用水平式遮阳。因为这时的太阳高度角很高，遮阳板只要伸出一定长度，就完全能够遮挡住太阳直射光，避免室内地面产生眩光现象。同时，它的遮挡作用可以极大地降低近窗处的照度，提高室内的照度均匀性。但其缺点是当房间进深较大时，内区的光环境由于遮阳板的遮挡变差，往往不满足照度要求而不得不使用人工照明来补充。

（2）垂直遮阳

东西向的房间一般都会有"晨晒"和"西晒"现象，所以对太阳光的遮挡也是十分必要的。太阳在东西方位的时候一般高度角都相对比较低，使用水平遮阳板进行遮阳会对板的尺寸提出很高的要求，同时这样做的后果会由于遮挡的缘故使得室内的光环境整体变差，无法满足人的视觉要求。因此，一般采用垂直式百叶来遮挡从窗侧面射来的阳光，有效地遮挡高度角很低的光线，既保证了室内照度的均匀性，又不会过多影响室内的光照水平。

（3）综合式遮阳

兼有水平遮阳和垂直遮阳的优点，对于各种朝向和高度角的阳光都比较有效。适合于东南、西南、正南向窗口的遮阳。

3. 绿化遮阳

绿化遮阳借助树木或者藤蔓植物来遮阳，是一种既有效又经济美观的遮阳措施，特别适用于低层村镇建筑。其不同于建筑构件遮阳之处在于它的能量流向。植被通过光合作用将太阳能转化为生物能，植被叶片本身的温度并未显著升高；而遮阳构件在吸收太阳能后温度会显著升高，其中一部分热量还会通过各种方式向室内传递。

绿化遮阳最为理想的遮阳植被是落叶乔木，茂盛的枝叶可以阻挡夏季灼热的阳光，而冬季温暖的阳光又会透过稀疏枝条射入室内，这是普通固定遮阳构件无法具备的优点。此外，沿墙或者棚架生长的藤蔓植物除了可以对窗户进行遮阳外，还可以有效降低墙面温度。

3.5 地面的节能技术

地面作为围护结构的一部分，它的热工性能对室内气温有较大影响，必须认真对待。《农村居住建筑节能设计标准》中5.6.1条规定："严寒地区农村住房的地面宜设保温层，建筑物外墙在室内地坪以下的垂直墙面应增设保温层。保温材料宜选用挤塑聚苯乙烯泡沫塑料板。"

《天津市农村住宅节能标准》4.5.1条表明，"农村住宅的周边地面宜设保温层，非周边地面可不设保温层。"目前天津村镇住宅地面的做法很简单，多为素土夯实后铺60mm厚素混凝土，上铺设20mm厚1∶2水泥砂浆抹光地面，条件好的住户会采用地砖镶铺地面，保温效果较差。另外，天津地区冻土层深度能达到600mm左右，室内地面边缘部分的地下土壤温度变化是相当大的，不仅造成较大室内温度波动，而且采暖期热损失较大。所以，可将村镇住宅室内地面分为周边地面和非周边地面，周边地面即为距外墙内表面2m以内的地面，该部分做保温处理，保温做法如图3-9所示。周边地面以外的地面为非周边地面，该部分可不做保温，做法如图3-10所示。

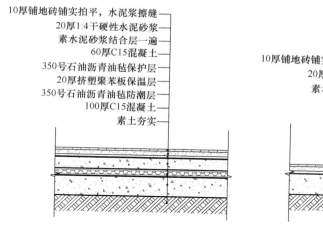
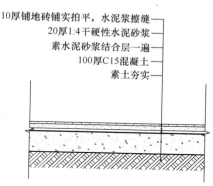

图 3-9　周边地面保温构造做法示意图　　　　图 3-10　非周边地面构造做法示意图

南方地区由于湿气侯的影响，在梅雨季节常产生地面泛潮现象。地面泛潮属于夏季冷凝，它由两方面原因造成：一是我国华南和东南沿海地区受热带海洋气团和赤道海洋气团的控制，在春夏之交，季风多东南向和南向，从海洋带来较高的温、湿度吹向大陆和沿海海岛，使空气湿度骤增；二是我国长江流域和东南丘陵地与南岭山地一带，在春末夏初，由于大陆上不断有极地大陆气团南下，与热带海洋气团或赤道海洋气团接触时的锋面停滞不进，造成阴雨连绵，前后断续长达一月之久。室外空气温湿度上升，而此时室内某些表面，尤其是底层地面，由于与热惰性很大的地面连接，其表面温度在短时间内尚未提高，仍处于比较低的温度状况；当其与室外空气接触时，便产生表面冷凝，形成大量凝结水，致使室内潮湿。

防止和控制地面泛潮的原则：一是使室内空气湿度不要过高；二是使地面表面温度不要过低；三是避免室外湿空气与地面直接接触。所以《农村居住建筑节能设计标准》做出了明确规定：

第 5.6.4 条"夏热冬冷、夏热冬暖及温和地区农村住房内与土壤接触的地面宜作保温处理，保温材料可选用挤塑聚苯板或炉渣。"

第 5.6.5 条"夏热冬冷、夏热冬暖及温和地区农村住房地面垫层宜做防潮处理，采用加粗砂垫层或涂沥青或设沥青油毡防潮层。"

第 5.6.6 条"夏热冬冷、夏热冬暖及温和地区农村住房地面面层不应采用水泥、水磨石、瓷砖和水泥花砖等蓄热系数大而无空隙的材料，宜采用防潮砖、大阶砖、素混凝土、三合土、木地板等对水分具有一定吸收作用的饰面层，防止和控制潮霉期地板泛潮。"

通风节能技术与相关标准 4

建筑物内的通风十分必要，它是决定人们健康和舒适的重要因素之一。通过通风，可以为人们提供新鲜空气，带走室内的热量和水分，降低室内空气温度和相对湿度，促进人体的汗液蒸发降温，改善人们的舒适感。此外还可以有效地降低建筑运行能耗。在我国南方炎热地区，夏季夜间通风和过渡季自然通风已经成为改善室内热环境、减少空调使用时间的重要手段。因此，有效地可控的村镇住宅通风，已经成为住宅节能设计的重要一环。

4.1　村镇住宅通风设计

一般说来，村镇住宅通风设计分为主动式通风和被动式通风两个类型，包括合理安排室内气流流动，提高通风效率，保证室内卫生、健康要求并节约能源。具体设计时要使气流流动路线经过人的活动范围；通风换气量要满足基本的卫生要求；风速要适宜，一般为 0.3～1.0m/s；通风的可控性等。

4.1.1　被动式通风

所谓被动式通风既是不用机械设备——风机就可以让空气由室外流进室内，再流到室外。在这个过程中实现了空气的置换，也带走了部分热量或冷量。被动式通风的主要方式有：风压通风、热压通风、地道通风等。

1. 自然通风

《天津市农村住宅节能标准》中 5.4.1 条规定："农村住宅应优先采用自然通风方式，改善夏季室内热环境。"自然通风是由于建筑物的开口处（门、窗等）存在压力差而产生的空气流动。按照产生压力差的不同原因，自然通风可以分为风压通风和热压通风。

（1）利用风压实现通风

当风吹向建筑物正面时，因受到建筑物表面的阻挡而在迎风面上产生正压

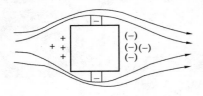

图 4-1　利用风压实现通风

区，气流在向上偏转的同时绕过建筑物各侧面及背面，在这些面上产生负压区。风压通风就是利用建筑迎风面和背风面的压力差，通常所说的"穿堂风"就是风压通风的典型范例，如图 4-1 所示。穿堂风是我国南方地区传统建筑解决潮湿闷热和通风换气的主要方法，不论是在住房群体的布局上，或是在单个住房的平面与空间构成上，都非常注重穿堂风的形成。

《农村居住建筑节能设计标准》中 6.4.1 条规定："农村住房的起居室、卧室等场所宜利用穿堂风增强自然通风"。当建筑垂直于主导风向时，其风压通风效果更为显著。所以《严寒和寒冷地区农村住房节能技术导则》中 5.4.2 条不仅规定了农村住房应利用穿堂风增强自然通风，还规定："建筑的主立面朝向宜与当地夏季的主导风向相一致，且宜设置进风口和出风口，有效组织房间的穿堂风。"

利用风压实现自然通风，设计时可根据当地盛行风向合理规划设计建筑群的布局和建筑开口，有效布置室内空间和通风走向，过渡季和夏季夜间直接利用风压通风实现居室内的有效降温。

（2）利用热压实现通风

由于自然风的不稳定性，或由于周围高大建筑、植被的影响，许多情况下在建筑周围形不成足够的风压。这时，就需要利用热压原理来加速自然通风。

热压通风即平常所讲的"烟囱效应"。其原理为热空气上升，从建筑上部风口排出，室外新鲜的冷空气从建筑底部被吸入。室内外空气温度差越大，进出风口高度差越大，热压作用越强。对于室外环境风速不大的地区，烟囱效应所产生的通风效果是改善热舒适的良好手段。

《严寒和寒冷地区农村住房节能技术导则》及《天津市农村住宅节能标准》中 5.4.3 条均规定："农村住房应充分利用热压作用增强客厅、厨房的自然通风。"《农村居住建筑节能设计标准》中 6.4.3 条规定："农村住房厨房宜利用热压进行自然通风或设置机械排风装置。"

由于厨房内热源较大，比较适宜利用热压来加强自然通风，可通过设置烟囱或屋顶上设置天窗达到通风降温的目的。当采用自然通风无法达到降温要求及室内环境品质要求时，应设置机械排风装置。

2. 地道通风

地道通风就是采用机械抽风或烟囱效应的方式将地下埋管内经土壤预冷（或预热）的空气抽进房间实现被动式通风，如图 4-2 所示。

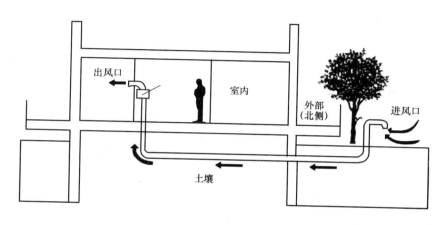

图 4-2　地道式通风

3. 几种方式共同作用下的通风

与利用风压通风相比，烟囱效应所产生的空气流动速度相对较慢，所以利用风压和热压来进行自然通风往往是互为补充、密不可分的。在实际情况下，风压和热压是共同作用的，两种作用有时相互加强，有时相互抵消。

由上可知，不管是传统建筑还是现代建筑，都可以通过采用被动式通风，实现对房间热环境的调节和在一定程度上节约能耗，因此被动式通风设计是极其有现实意义的。需要注意的是，被动式通风对房间热环境的调节效果很大程度上取决于当地的气候条件（也与室内发热量有部分关系），即被动式通风降温技术属于建筑适应气候的一种调节技术，其技术动力与当地气候条件密不可分。

4.1.2　主动式通风

所谓主动式通风指的是利用机械设备——风机动力组织室内通风的方法。它一般要与空调、通风系统进行配合。

1. 标准规定

《农村居住建筑节能设计标准》中 6.4.5 条规定："当被动冷却降温方式不能满足室内热环境需求时，可采用电风扇或分体式空调降温。"也就是说在出现一些极端天气条件下，被动式降温无法满足室内热环境的要求，如果经济水平允许，农户可以选择空调降温。

目前，市场上有多种形式的空调器，如分体式空调器、户式中央空调器、多联机等。由于农村住房一般只在卧室、起居室等主要功能房间使用空调，且各房间同时使用空调的情况较少，因此建议使用分体式空调，灵活调节空调使用的时间，达到建筑节能的目的。另外，分体式空调设备应符合现行有关产品标准的规定值，并宜采用能效比较高的产品。

2. 能效比

能效比，如图 4-3 所示，是衡量空调器的重要经济性指标，能效比高，说明该种机器具有节能、省电的先决条件。用户在选择设备时，可以根据产品上的能效标识来辨别能效比。能效标识分为 1、2、3、4、5 共 5 个等级，等级 1 表示产品达到国际先进水平，最节电，即耗能最低；等级 2 表示比较节电；等级 3 表示产品的能源效率为我国市场的平均水平；等级 4 表示产品的能源效率低于市场平均水平；等级 5 是市场准入指标，低于该等级要求的产品不允许生产和销售。因此，村镇住宅可选用 2 级或 3 级的空调设备。

图 4-3 中国能效标识

4.2 优化村镇住宅自然通风设计

要保证室内空气质量同时实现节能，就必须组织好室内外空气流动，提高通风换气的有效利用率。室外清洁的新鲜空气应首先进入居室，然后到厨房、卫生间。应避免厨房、卫生间的污浊空气进入住房的居室，也应避免厨房、卫生间的排气从室外又进入其他房间。此外，在过渡季节及夏季早晚温度较低的时候，采用自然通风来实现室内的通风换气和降低温度、带走湿气无疑是最佳的方式。然而，在冬、夏季引入室外新风就意味着需要提高供暖、空调负荷，因此建筑设计与住宅通风应寻求一个良好的、最佳的结合点。

4.2.1 村镇住宅开口优化设计

村镇住宅开口的优化设计包括合理的室内空间布置、适当的门窗面积和相对关系等。

开口位置和面积设置恰当，可保证室内的气流达到一定速度和流场的均匀。一般来说，进风口直对着出风口气流容易直通。然而，除非进风口开得很大，否则房间内其他地方很难受到气流影响。如果进、出风口错开互为对角，气流在室内经过的路线会长一些，影响的区域会大一些。若进、出风口相距太近，可能会出现气流短路或偏向的情况，室内的通风效果变差。如果进、出风口都开在负压区墙面一侧或者整个房间只有一个开口，则室内通风状态较差，如图 4-4 所示。

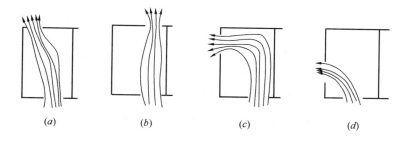

图 4-4　不同开口位置对室内气流组织的影响

此外还需注意进出口的相对高度。原因是当进风口设在高处时，气流就贴着天花板流动，吹不到人的身上。只有把进风口设在较低的地方，气流才能作用到人的身上。此外，出风口的位置也会对风速产生一些影响，出风口低一些，室内的空气流动速度就会大一些。

室内的平均气流速度只取决于较小的开口尺寸，无论进风口较小还是出风口较小，均对平均流速的影响不大。当进风口面积比出风口小时，进风口处的风速较大，但流场的分布不够均匀；而进风口比出风口大时，虽然最大风速比室内平均风速大不了多少，但是室内流场分布比较均匀，如图 4-5 所示。

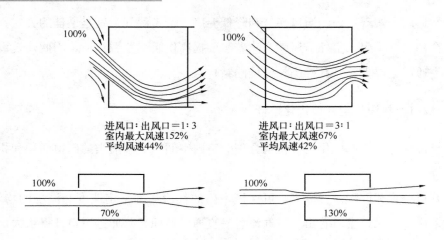

图 4-5 不同的进风口/出风口比例对室内自然通风的影响

进、出风口比例不同对室内通风状态的影响　　　　　　表 4-1

进风口面积/外墙面积	出风口面积/外墙面积	室外风速	室内平均风速		室内最大风速	
			风向垂直	风向偏斜	风向垂直	风向偏斜
1/3	3/3	1	0.44	0.44	1.37	1.52
3/3	1/3	1	0.32	0.42	0.49	0.67

　　从表 4-1 看出，如果进、出风口面积相等，开口越大，流场分布的范围就越大、越均匀，通风状况也越好；开口小，虽然风速相对加大了，但流场分布的范围却缩小了。据测定，当开口宽度为开间宽度的 1/3～2/3，开口的大小为地板面积的 15%～25% 时，室内通风效果最佳。

　　此外，房间开窗位置对室内自然通风也有很大的影响。例如，对于图 4-6 中的左边开窗方式，在相邻墙面开窗的通风效果取决于风向，风向垂直于进风口的通风情况比风向偏斜的情况要好。而对于只有迎风面开窗的情况下，非对称的开窗方式要好于对称开窗方式。

　　另外，上述结论还要与窗户的可开启面积联系起来。对于夏热冬冷和夏热冬暖地区而言，尤其要注意控制窗户的可开启面积，否则过小时严重影响房间的自然通风效果。近年来为了片面追求窗的视觉观瞻效果和建筑立面简约设计风格，外窗的可开启率有逐渐下降的趋势，有的甚至于不足外窗面积的 25%，导致房

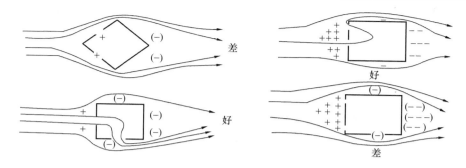

图 4-6　房间开窗位置对室内自然通风的影响

间自然通风量不足，不利于房间散热，居住者只有被迫选择开启空调器降温。

《农村居住建筑节能设计标准》中 6.4.1 条对风口开口位置及面积做出如下规定：

1. 进风口和出风口分别设置在正负压区的墙体上；

2. 进风口应大于出风口，使得室内流场分布均匀，开口宽度宜为开间宽度的 1/3～2/3，开口大小宜为地板面积的 15％～25％。

4.2.2　村镇住宅构造导风优化设计

村镇住宅的门窗、挑檐、挡风板、通风屋脊、内隔断等构造措施都会影响到室内自然通风的效果。所以在设计过程中，应执行标准中关于构造导风的相关规定。

《农村居住建筑节能设计标准》中 6.4.1 条规定："门窗、挑檐、通风屋脊、挡风板等构造的设置应利于导风、排风和调节风向、风速。"6.4.2 条规定："采用单侧通风时，通风窗所在外墙与主导风向间的夹角宜为 40°～65°。"《陕西省农村建筑节能技术导则》中 7.3.3 条 2 规定："建筑物墙体的设置有利于诱导室内自然通风的流动。"

由于窗扇的开启有挡风和导风的作用，所以门窗如果装置得当，能增加通风效果。当风向入射角较大时，如果窗扇向外开启成 90°，会阻挡风吹入室内。此时，应增大开启角度，将风引入室内，如图 4-7 所示。中轴旋转窗扇可以任意调节开启角度，必要时还可以拿掉，因而导风效果好。房间内如果需要设置隔断，可做成上下漏空的形式，或在隔断上设置中轴旋转窗，以调节室内气流，有利于

房间较低的地方都能通风。落地窗、漏空窗、折门等，用在内隔断或外廊等处都
是有利于通风的构造措施。

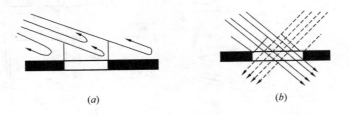

图 4-7　窗扇导风设计

图 4-8 给出了合理设计挑檐、遮阳挡风板的方法改善自然通风的示例。

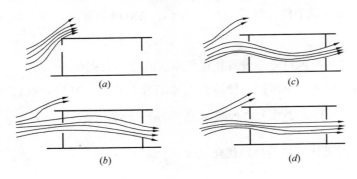

图 4-8　挑檐、遮阳通风

　　由于自然风变化幅度较大，在不同季节，不同风速、风向的情况下，建筑应
采取相应措施、合适的建筑构造形式以及可以开合的气窗、百叶来调节室内气流
状况。这样即便在冬季，可以在保证基本换气次数的前提下，尽量降低通风量以
减小热损失。

　　合理地利用垂直导风板，可以改善室内自然通风。例如，对于窗户一侧气流
较大的房间，由于气流偏转，导致室内绝大多数区域通风不畅，这时可以设置垂
直导风板加以调整；同时，在同一面外墙上开的两扇外窗之间设置垂直导风板也
可以改善房间自然通风情况。但是，把垂直导风板分开设置在外窗两侧却有可能
阻碍室内自然通风的进行，如图 4-9 所示。应该指出，在设置水平导风板的时
候，不宜与窗户等高，这样容易把气流引到室内高处，对改善室内人高度的自然
通风效果没有好处。建议设置在离窗户上沿一定距离处，这样可以起到有效引风
且改善室内人体高度的自然通风效果。如图 4-10 所示。

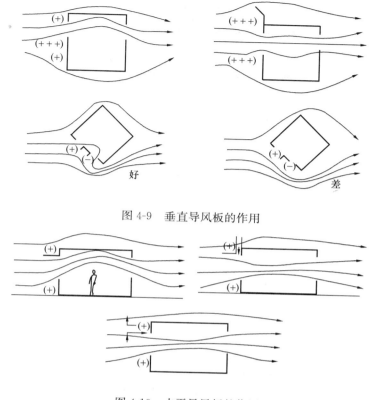

图 4-9 垂直导风板的作用

图 4-10 水平导风板的作用

4.2.3 合理的室内空间设计对自然通风的优化作用

住宅室内空间（平、剖面）布置和不同功能房间的合理使用，也应该尽量有利于自然通风。

例如，为了减少纱窗的阻力，可以通过加大开口和设计门廊来解决。同时，进风口的设计在人的高度有利于改善室内人活动区域的热舒适状况，设置在高处则可以实现散热和夜间通风。中央楼梯、坡屋顶设计则可以综合地利用风压、热压效应促进自然通风，如图 4-11 所示。

另外，针对不同的需要，还可以调整房间平面布置来有效地实现自然通风，如图 4-12 所示。

正如《严寒和寒冷地区农村住房节能技术导则》中 3.3.9 条 1 规定的："房屋的平面布局宜规则，尽量避免 L 形、T 形、U 形等。"

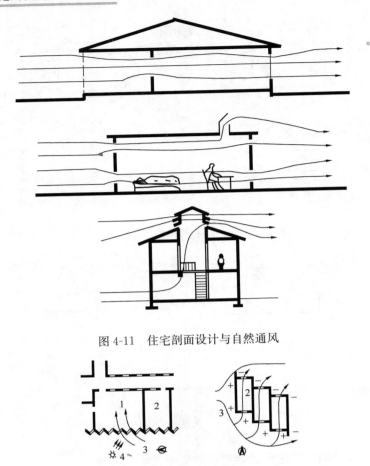

图 4-11   住宅剖面设计与自然通风

图 4-12   住宅平面设计与自然通风

　　一字形建筑有利于建筑通风，主要使用房间一般布置在夏季迎风面（一般为南面），背风面则布置辅助用房。"L"、"T"、"工"、"王"、"亚"都是常见的一字形建筑组合，朝向好，南向房间多，东西向房间少，使用较为普遍。但是连接转折处通风不好，应考虑设置敞廊或者增加开窗。

　　对于"山"形住宅，其敞口应该面对夏季主导方向，夹角小于 45°。若反向布置，迎风面的墙面应尽量开窗。伸出的翼不宜长，以减少东、西向房间数量。"口"形住宅沿基地周边布置，形成内庭院或天井，用地紧凑，基地内能形成较完整的空间，但是这种布局不利于导风，同时还会导致东、西向房间较多。一般天井式住宅天井面积不大，白天日照少，外墙接收的太阳辐射少，四周阴凉，天井的温度较室外低,因此可以在无风或风压较小的情况下,利用热压进行通风。此外,当室外风压较大时,天井由于处于负压区,又可以作为出风口抽风,起到水平和垂直通风的作用,有利于室内散热。这对于村镇二三层住宅而言是较好的改善室内自然通风的方法。

当建筑东西朝向而主导风向基本上以南向为主时,可以考虑锯齿形的平面组合或开窗方式。这时候,东西向外墙不开窗,起到遮阳的作用,凸出部分外墙开窗朝南,以引入主导风入内。当住宅南北朝向而主导风向接近东西向时,可以考虑把住宅房间分段错开,采用台阶式的平面组合,使得原来朝向不好的房间变成朝东南或者南向。

此外,还可以结合室外庭院、内楼梯和坡屋顶综合设计,改善自然通风。如果设计有楼梯间、天井等,应该利用这些建筑物内部的开口面积和热压作用来组织自然通风。需要注意,除了建筑应面向夏季主导风向外,房间进深还不宜过深,如图 4-13 所示。为保证良好的自然通风,房间进深与高度的比值 A 应满足:

1. 对于单侧通风的房间,A 应小于 2.5;
2. 有对开窗、可形成穿堂风的房间,A 应小于 5;
3. 此外,房间进深不宜超过 15m。

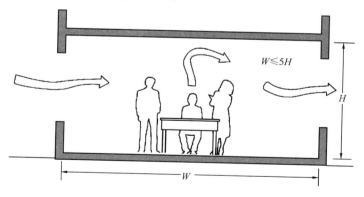

图 4-13 自然通风设计中房间进深与室内净高的关系

室内供暖技术与相关标准 5

　　我国地域辽阔，不同地区村镇住宅建筑形态各异，经济发展不平衡，供暖方式差异很大，存在着供暖方式不合理、供暖设备落后、能源利用效率低、室内热舒适性差、安全隐患多等问题。随着农民生活水平的逐步提高，人们对冬季供暖舒适性、安全性的要求越来越高，但随之而来的是能源消耗量大幅提高，不仅造成生活成本增加，也带来环境污染的问题。因此，采用新的用能方式及供暖技术用以改善农民的供暖条件已成为当前的一项紧迫任务。

　　本章从农村住宅的供暖设施现状出发，结合相应的标准、规范和规程，分别对火炕、火墙、燃池和土暖气的技术进行介绍，以有效地指导农民进行供暖设施的节能改造。

5.1　北方地区村镇住宅供暖标准及供暖现状

5.1.1　北方地区村镇住宅供暖标准

1. 城市居住建筑的室内供暖设计温度标准

（1）民用建筑供暖通风与空气调节设计规范

1）条文内容

　　《民用建筑供暖通风与空气调节设计规范》GB 50736—2006 中第 3.0.1 条："供暖室内设计温度应符合下列规定：①严寒和寒冷地区主要房间应采用 18～24℃；②夏热冬冷地区主要房间宜采用 16～22℃；③设置值班供暖房间不应低于 5℃。"

　　考虑到不同地区居民生活习惯不同，分别对严寒和寒冷地区、夏热冬冷地区主要房间的供暖室内设计温度进行规定。

2) 条文说明

①根据国内外有关研究结果，当人体衣着适宜、保暖量充分且处于安静状态时，室内温度 20℃ 比较舒适，18℃ 无冷感，15℃ 是产生明显冷感的温度界限。冬季的热舒适（$-1 \leqslant PMV \leqslant 1$）对应的温度范围为：18～28.4℃。从节能原则出发，本着提高生活质量，满足室温可调的要求，在满足舒适的条件下尽量考虑节能，因此选择偏冷（$-1 \leqslant PMV \leqslant 0$）的环境，而对应 $PMV=0$ 时的温度上限为 24℃，所以将冬季供暖设计温度范围定在 18～24℃。从实际调查结果来看，大部分建筑供暖设计温度选择为 18～20℃。

冬季空气集中加湿耗能较大，延续我国供暖系统设计习惯，供暖建筑不做湿度要求。从实际调查来看，我国供暖建筑中的人员常采用各种手段实现局部加湿，整个供暖季节房间相对湿度在 15%～55% 范围波动，这样基本满足舒适要求，而且又节约能耗。

②夏热冬冷地区的室内设计温度略低于寒冷和严寒地区。这是因为：第一，夏热冬冷地区考虑供暖的房间相比不供暖的房间温度提高幅度比较大，室内热环境有了很大改善；第二，与寒冷地区和严寒地区相比，本地区相对湿度较高；第三，由于本地区不是所有建筑物都供暖，在供暖以后，当地居民还是习惯在室内穿着棉衣，服装热阻相比严寒和寒冷地区较大。因此，综合考虑本地区的实际情况以及居民生活习惯，通过计算与 PMV 对应的舒适度，得出夏热冬冷地区主要房间冬季室内设计温度宜采用 16～22℃。

（2）全国民用建筑工程设计技术措施

《全国民用建筑工程设计技术措施 暖通空调·动力》2009JSCS—4 中第2.5.2 条："居住建筑的室内供暖计算温度，不应低于表 5-1 的规定值。"

室内供暖计算温度（℃） 表5-1

房 间	计算温度	备 注
卧室、起居室（厅）	18	—
厨房	15	—
设供暖的楼梯间和走廊	14	—
卫生间（不带洗浴设备）	18	宜设计成按需分段升温模式，平时保持18℃，洗
卫生间（带洗浴设备）	25	浴时，借助辅助加热设备（如浴霸）升温至25℃

2. 北方地区村镇住宅节能供暖室内计算温度标准

《农村居住建筑节能设计标准》中第 3.0.2 条："严寒和寒冷地区农村住房的卧室、起居室等主要功能房间冬季室内热环境节能计算参数的选取应符合下列规定：①主要功能房间的供暖室内计算温度取 14~16℃；②计算换气次数取 0.5 次/h。"

本参数为建筑节能计算参数，不用于进行建筑冬季供暖设计计算。严寒和寒冷地区，冬季寒冷，夏季较为凉爽，改善冬季室内热环境是主要解决的问题，同时热环境改善程度也直接影响围护结构的热工性能。因此，在围护结构节能设计前，必须确定合理的冬季室内热环境指标。若为非节能住宅该温度将会更低。

从以上规定可以看出：村镇住宅的冬季室内计算温度比城市低。这是因为城市居民冬季大部分时间都在室内活动，室内配套设施完备，温度一般在 16~24℃比较适宜，穿着中等厚度的毛衫和毛裤就可过冬。相比之下，村镇住宅室内温度较低，且室内设施相对落后，厕所多数设在室外，冬季所用的燃料、薪柴等生活必需品也放在室外庭院中，这些决定了农民不得不经常出入户内外，造成室内热负荷增大，因此，生活方式决定了村镇居民即使在室内穿衣也很多，以适应频繁的进出活动。

5.1.2 北方地区村镇住宅供暖现状

根据地区经济条件、气候特点、资源状况，北方村镇自建住宅供暖大体上有三种方式，即：传统供暖方式、可再生能源供暖方式和其他供暖方式。应用比较多的当属传统的供暖方式。

1. 传统供暖方式

（1）煤炉

煤炉取暖在广大农村是非常盛行的一种取暖方式。因其设备简单、成本低、易于操作、又集取暖与做饭功能于一体，而受到广大农民青睐，但其燃煤能耗很大、热效率很低，且存在较大的安全隐患——易发生煤气中毒。因为一旦遇到刮风等天气，直排式烟囱内的气体会倒灌进室内，造成危险，同时，使用时间较长的烟囱，表面上看着完好，实际上由于腐蚀存在着很多细小的孔洞，遇到大风天气也容易回烟。因此，住户必须定期检查烟囱，确保烟囱完好无损，安装牢固，接茬没有缝隙，并经常清理烟灰保持烟囱畅通，如发现烟囱堵塞或漏气必须及时清理或修补。

（2）火炕

北方人利用火炕进行供暖的历史久远，而且这种供暖方式直到今天仍在使用，在北方农村地区的许多家庭现在均可见到这种设施。该设施优点很明显，烧火炕时提供的热量足够人们取暖，以抵抗较低的室内温度，它集做饭、取暖、家具、床的功能于一身，以前东北地区一直全靠火炕过冬。但其缺点也很明显，由于火炕一般都是跟炉灶连在一起，而炉灶不是全天使用，所以火炕使用时间短暂，当然也就不能作为稳定的热源全天提供热量，造成室内温度波动并且分布不均匀，即人们在屋子里只有坐在火炕上或者离炕很近才能感到温暖。

（3）土暖气

"土暖气"是采用水为热媒的供暖方式。将供暖炉与膨胀水箱、管道、附件和散热器（即暖气片）相连接，组成供暖循环系统，使炉子水套中的热水经过管道到散热器，由散热器散发出热量，达到取暖的效果。它集取暖与做饭的功能于一体，虽然比煤炉安装成本高，但是，可解决多个房间同时的取暖需求，比使用火炕取暖房间的温度既均匀又稳定。目前在农村自建单体分散住宅的情况下，不失为一种较好的供暖方式。图5-1给出了北方地区农村常用的供暖方式。

（*a*）　　　　　　　　　　（*b*）　　　　　　　　　（*c*）

图 5-1　北方地区农村常用的供暖方式

（*a*）火炕；（*b*）煤炉；（*c*）土暖气

2. 可再生能源供暖方式

（1）太阳能供暖

太阳能供暖的方式可分为主动式和被动式两大类。主动式是由太阳能集热器、管道、风机或泵、贮热装置、末端散热设备和其他辅助热源等组成的强制循环太阳能供暖系统；被动式则是在基本不添置附加设备的条件下，只依靠建筑方位的合理布置，通过窗、墙、屋顶等建筑物本身构造和材料的热工性能，以自然交换的方式（辐射、对流、传导）使建筑物在冬季尽可能多的吸收和贮存热量达到供暖的目的。我国农村自建的单体住宅相对分散、密度低，不宜采用投资大、维护水平高的集中供暖模式。太阳能作为一种可再生的清洁能源，无需开采和输运，方便安全，其低廉、安全、环保等特点符合新农村建设的客观要求，同时我国北方地区大多处于太阳能丰富的二类地区，辐照量充足，这为在农村推广太阳能供暖技术提供了重要依据，

图 5-2　被动式太阳房

图5-2为被动式太阳房。

（2）生物质气化炉供暖

生物质气化是一种生物质热化学转换技术，其基本原理是在不完全燃烧条件下，将生物质原料加热，使较高分子量的有机碳氢化合物链裂解，变成较低分子量的一氧化碳、氢气、甲烷等可燃性气体。

生物质气化所用原料主要是原木生产及木材加工的残余物、薪柴、农业副产物等，包括板皮、木屑、树枝、树叶、柴草、秸秆、谷壳、玉米芯、棉籽壳等等，原料在农村随处可见，来源广泛，价廉易取。它们挥发组分高，灰分少，易裂解，是热化学转换的良好材料。

生物质气化要通过生物质气化炉完成。生物质气化炉是生物质气化的核心部件，大体上可分为固定床气化炉和流化床气化炉两大类。固定床气化炉结构简单，投资少，运行可靠，操作比较容易，对原料种类和粒度要求不高，但通常产气量较小，多用于小型气化站内或户用。流化床气化炉多用于中、大规模的连续生产，其投料、送风、控制系统等较复杂，加之炉型较大，致使制造成本大大增加。

生物质气化炉产生的燃气在非供暖期主要用于做饭，在供暖期可同时用于供暖与做饭。

3. 其他供暖方式

(1) 房间空调器供暖

房间空调器就是人们常说的家用空调器，它主要由制冷系统、通风系统及电气系统等几部分组成。因其体积小，安装使用方便、灵活而在城市住宅中广泛应用。其中冷暖型空调器既可以夏季供冷，又可以冬季供暖，实现一机两用，在经济条件尚好的农村地区住宅中，结合火炕不失为一种比较经济舒适的取暖方式。

(2) 电暖气供暖

电暖气是一种将电能转化为热能的产品，它包括对流式、蓄能式和微循环式三种形式。其中对流式电暖气以电发热管为发热元件，通过与空气间的对流换热来供暖，它体积小、启动迅速、升温快、控制精确；蓄能式电暖气采用蓄能材料，利用夜间电价较低时蓄能，白天释放热量，但它体积较大，供暖的舒适性较差；微循环电暖气在散热器中充注导热介质，利用介质在散热器中的循环来提高室内温度，它运行可靠，供暖效率比较高。这三种电暖气通过开停电源均能快捷地控制电暖气的温度，而且无室内管道，产品本身精致、美观，无需装修包装，使用方便，无噪声。问题是供热质量难以保证，发热元件如果长期高温工作，会降低使用寿命，有烫伤婴幼儿的危险。

农村居民应根据当地村庄和住房改造规划、地理位置、自然资源条件、传统做法以及自身的生产和生活习惯，因地制宜地采用技术经济合理的节能供暖方式及供暖热源。严寒和寒冷地区宜采用燃用生物质能的装置作为供暖设施，如：火炕、火墙或自然循环热水供暖系统，以煤、天然气、电能等其他形式能源作为补充。夏热冬冷地区及温和区宜采用局部供暖设施。

5.2 火炕、火墙、燃池供暖设施

在我国广大农村地区火炕、火墙、燃池作为供暖方式其历史悠久，由于燃料便于获取，经济适用，现在很多农村家庭中仍在使用，还由于生活习惯使然，即使在一些经济发达地区的农宅中仍可见到。然而在建造和使用中出现诸多的问题，如：漏烟、炕面温度不均匀、热效率低等。我国住房和城乡建设部先后编制了《严寒和寒冷地区农村住房节能技术导则》（建村〔2009〕115 号）、《农村居住建筑节能设计标准》GB/T 50824—2013，陕西省也编制了《陕西省农村建筑节能技术导则（试行）》，其中部分章节对火炕、火墙、燃池提出了规范性的要求，对建设与改造节能型火炕、火墙、燃池具有指导性的意义。

5.2.1 火炕供暖设施

1. 火炕的分类与选择

（1）火炕的分类

火炕按与地面相对位置分为三种形式，即落地炕、架空炕（俗称吊炕）和地炕，图 5-3 是这三种火炕的构造示意图。

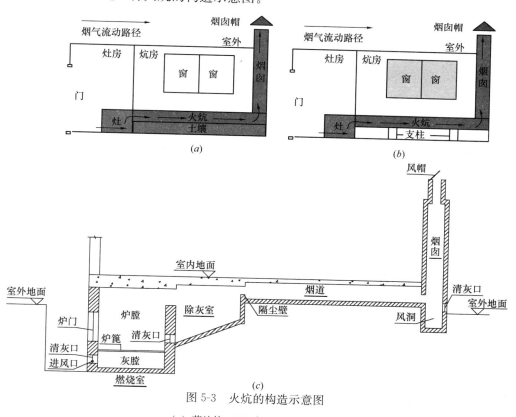

图 5-3　火炕的构造示意图

（a）落地炕；（b）架空炕；（c）地炕

（2）火炕的选择

1)《严寒和寒冷地区农村住房节能技术导则》中第 5.2.1 条和《农村居住建筑节能设计标准》中第 6.2.1 条均规定："农村住房有采暖需求的卧室、起居室宜设置节能型灶连炕，如只用于采暖，也可只设置节能炕。"这是因为农村住房的炊事、生活会产生高温烟气等余热，而火炕蓄热量大、放热缓慢的特点有利于在间歇运行的情况下维持整个房间的温度，所以将火炕和锅灶炉具结合形成灶连炕是一种有效的充分利用能源的方式。对于没有锅灶、炉具等产生高温余热的设施，可以考虑只设火炕，利用炕腔作为燃烧室，但要注意局部过热的问题。

2)《农村居住建筑节能设计标准》中第 6.2.2 条规定："炕体形式应结合房间需热量、布局、居民生活习惯进行确定。房间较小，耗热量低或运行间歇时间较短的房间宜选用架空炕；反之宜选用落地炕或地炕。"这是因为架空炕（吊炕）上下两个表面可以同时散热，散热强度大，但同时蓄热量低，供热的持续能力较弱，热的快，凉的也快，比较适合热负荷较低，或者能够配合采暖炉等运行间歇较短、运行时间比较灵活的热源。对于运行间歇较长的柴灶等热源形式，使用具有更强蓄热能力和热源强度的落地炕、地炕更为适合。

2. 各种火炕介绍

（1）落地炕

落地炕应在炕洞底部和靠外墙侧设置隔热层，炕洞底部宜铺设 200～300mm 厚的干土，外墙侧可采用炉渣等材料。

（2）架空炕

北方高效预制组装架空炕综合运用了建筑结构学、流体力学、热力学、气象学等多种学科理论，具有炕内宽敞、排烟通畅、结构合理、能按季节所需调节炕温、热效率高、外形美观等特点，深受广大农民群众的欢迎，被称为农民家中的"席梦思"。由于架空炕的炕面与炕底均能向室内散热，使得向围护墙面与地面的传热损失大大减少，又由于烟气在炕内与炕面板和炕底板充分接触，降低了排烟温度，提高了炕的热效率。

1）结构和特点

高效预制组装架空炕的结构组成包括：炕下支柱、炕底板、炕墙、炕内支柱、炕梢阻烟墙、炕内冷墙保温层、炕梢烟插板、炕面板、炕面泥、炕檐以及炕墙瓷砖等。经过科学设计具有：炕体热能利用面积大、传热快的升温性能；炕上、炕下、炕头、炕梢热度适宜的匀温性能；以及延长散热时间的保温性能。这三项性能特点是架空炕高效节能的根本原因。具体做法详见《民用炕连灶和节能架空炕施工工艺规程》DB15/T 292—1998 及《高效预制组装架空炕连灶施工工艺规程》NY/T 1636—2008。

2）材料选择

落地式火炕所使的材料是砖和土坯，虽然热性能较好但由于每块面积较小，强度不高，寿命短，使炕体设计不尽如人意，同时很难实现规格化、定型化，为此必须寻求理想的炕体材料。从人体要求和经验来看炕面温度应为 25～30℃，每次烧火后升温应在 8～15℃，这就要求炕体材料具有以下性能：①有一定的机械强度，寿命长，坚固耐用；②取材容易，价格便宜，用户能够承担；③具有一定的蓄热性能和传热性能。高效预制组装架空炕的炕体材料依据取材容易和材料的热性能指标来选取，见表 5-2。

材料的热性能指标　　　　　　　　　　　　　　　　　　表 5-2

材料名称	容重 （kg/m³）	比热 （kJ/kg·K）	蓄热系数 （W/m²·K）	导温系数 （m²/h）
混凝土	2200	0.84	46.89	0.0025
土坯	1600	1.09	33.08	0.0015
黏土砂	1800	0.84	31.40	0.0016
石板	2400	0.92	64.90	0.0033

从表中看出，作为炕体材料，石板最理想，其次为混凝土板，机械强度等方面也优于砖和土坯，但是石板虽好，受材料来源限制，不易大面积推广。因此，高效预制组装架空炕除在有资源地区采用石板外，可采用混凝土板。《农村居住建筑节能设计标准》中第 6.2.2 条"架空炕和落地炕的设置应符合下列规定：①架空炕的尺寸宜小于房屋的开间尺寸；②炕面板宜使用预制的大块钢筋混凝土板。"

（3）地炕

《农村居住建筑节能设计标准》中第 6.2.9 条"地炕的构造和节能设计应符合下列规定：1）燃烧室的进风口应设置调节阀门，炉门和清灰口应设置关断阀门。烟囱顶部设有可关闭风帽；2）燃烧室后应设置除灰室、隔尘壁；3）应根据各房间需热量和烟气温度布置烟道；4）燃烧室的池壁距离墙体不应小于 1m；5）水位较高或者潮湿地区，燃烧室的池底应进行防水处理。燃烧池盖板应进行气密性处理，宜采用现场浇注的施工方式。"

（4）灶连炕

《农村居住建筑节能设计标准》中第 6.2.6 条 "节能型灶连炕的构造和节能设计应符合下列规定：1）烟囱与灶台相邻布置，灶宜设置双喉眼；2）灶台结构尺寸应与锅的尺寸、使用的主要燃料相适应，并减少拦火程度；3）炕体烟道宜选用倒卷帘式；4）灶台台面高度宜低于室内炕面 100～200mm。"

由于灶体位置确定的好与坏会直接影响到燃烧效果、使用效果和厨房美观，所以灶体的位置应根据锅的大小、间墙进烟口的位置以及厨房的布局要求综合考虑确定。要求大锅与间墙和其他墙体必须保持 100mm 以上距离，然后再考虑通风道的位置。灶体的外形放线，灶体位置确定的好差会直接影响到燃烧效果、使用效果和美观效果。

炉灶可分别砌出两个喉眼烟道。一个喉眼烟道通往火炕，另一个可直接通往烟囱，两个喉眼烟道分别用插板控制，如图 5-4 所示。冬季可让炉灶烟气通往火炕的喉眼烟道，室内炕热屋暖；夏季可让炉灶烟气直接通往烟囱的喉眼烟道，保持室内凉爽；春秋两季可交替使用两个喉眼烟道，室内不凉不热。

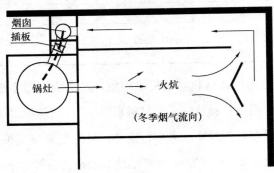

图 5-4 倒卷帘式火炕

灶膛要利于形成最佳的燃烧空间，空间太大耗柴量增加，灶膛温度低；空间太小添柴次数增加，且影响燃烧放热，其形状大小应根据农户日常所烧燃料种类确定。例如烧煤、木柴类就可以小一些，烧稻草玉米秸秆类的就适当增大一些。在灶内距离排烟口近的一侧多套一层泥，相反的另一侧少抹一层泥；锅沿处流出一定空间使灶膛上口稍微收敛成缸形，内壁光滑无裂痕。

要注意灶内的拦火强度，拦火强度过大，虽然灶的热效率上去了，但由于灶拦截热量过多，不仅灶不好烧，还会使炕内不能获得足够的热量而造成炕不热。

炉箅平面到锅脐之间的距离为吊火高度，吊火过高利于燃烧但耗柴量增加，过低添柴勤不利于燃烧。

3. 火炕设计原则

（1）炕体

《农村居住建筑节能设计标准》中第6.2.3条"火炕炕体设计应符合下列规定：1）火炕内部烟道应遵循'前引后导'的布置原则。热源强度大、持续时间长宜采用复杂花洞炕，反之宜采用设后分烟的简单直洞烟道；2）烟气入口的喉眼处宜设置火舌，取消落灰膛；3）烟道应有不小于5‰坡度，进烟口宜低于炕面板下表面50～100mm，高度宜为180～400mm；4）炕面应平整，并且炕头宜比炕梢稍厚，中部比里外稍厚；5）炕体应进行气密性处理。"

针对靠近喉眼的烟气入口处烟气温度过高，如不能迅速扩散，将对其附近炕面的加热强度过大，甚至火焰直接穿过喉眼，冲击炕面板，出现局部（炕头）过热问题。通过在喉眼后方架设一向下倾斜的火舌，将高温烟气导向前方，降低此处换热强度，从而有效降低局部过热问题。为了减少阻碍而把热烟大量引向炕的中部，使烟气迅速流到炕梢部分，建议取消落灰膛并和前分烟板以及在正对喉眼的附近不设支柱。这样可以避免各种阻挡形成的烟气涡流，并通过在炕梢部分增设后阻烟墙使烟气尽量充分扩散与炕板换热，一方面减少排烟口的气流收缩效应，保证了烟气扩散至整个炕腔内部，使得炕面温度更趋均匀；另一方面降低烟气流速，使烟气与火炕进行充分换热，这样炕的后部温度就可以明显提高，炕面温度均匀性也随之提高。

炕体若不进行气密性处理会出现漏烟问题，可采用炕面抹草泥，将碎稻草与泥土混合，以防止表面干裂，在抹完一层待火烤半干后再抹一层，并将裂缝腻死，然后慢火烘干，最后用稀泥将细小裂缝抹平。

（2）烟囱

《农村居住建筑节能设计标准》中第6.2.4条规定："烟囱底部应设置回风洞，宜与内墙结合或设置在室内角落。当设置在外墙时，应进行保温和防潮处理；烟囱内径宜上面小、下面大，且壁面光滑、严密。烟囱高度宜高于屋脊。"

因为室外风压变化时，有可能发生空气倒灌进入烟囱内，烟囱口高于屋脊与设置于烟囱底部的回风洞相结合能有效地避免返风倒烟。另外民间流传的"上口小、下口大、南风北风都不怕"之说也是为了降低这种情况发生。烟囱下部可用实心砖砌筑成 200mm×200mm 方形烟道（或采用 ϕ200mm 缸瓦管），出房顶后采用 ϕ150mm 缸瓦管。另外烟囱内烟气形成的热压是提供整个系统烟气流动的动力，为了保证炉灶有充分的空气参与燃烧，系统不倒烟等，保温防潮可避免烟囱部分产生的热量损失。

（3）灶门

《农村居住建筑节能设计标准》中第 6.2.5 条规定："间歇性使用的炉灶的灶门等进风口应设置挡板，在燃烧后保证系统气密性。"

这是因为间歇性使用的炉灶气密性要求非常高，通过在灶门设置挡板，停火后关闭烟插板和铁灶门，使整个炕体形成了一个封闭的热力系统。停火后，由于降低了炕内的空气流动，使系统的内能（热量）只能通过炕体上下面板及炕前墙向室内散发，从而提高其持续供热能力。

5.2.2   火墙供暖设施

火墙式火炕是一种将普通落地炕进行了结构优化，与火墙相结合的新型复合供暖方式。火墙拥有独立的燃烧室，燃烧室净高为 300～400mm，燃烧室与炕面中间设有 50～100mm 空气夹层，燃烧室一侧为火炕前墙形成散热面，另一侧的侧壁上设置孔洞以形成炕内的通气孔。此种供暖方式，充分利用了火炕蓄热性和火墙的即热性、灵活性，互相取长补短，适合严寒和寒冷地区，热负荷大且需要持续供暖的房间。如果将火墙燃烧室上方设置集热器还可作为重力循环热水供暖系统的热源，供其他房间供暖使用，如图 5-5 所示。

1. 相关标准内容

《农村居住建筑节能设计标准》GB/T 50824—2013 和《严寒和寒冷地区农村住房节能技术导则》对火墙的构造和节能设计均作出了规定，其中《严寒和寒冷地区农村住房节能技术导则》更为全面一些。《严寒和寒冷地区农村住房节能技术导则》中第 5.2.3 条"严寒地区宜采用火墙作为室内辅助供暖设施，火墙的构造和节能设计要求，宜符合下列规定：1）火墙的长度宜为 1.0～2.0m，高度宜在 1.0～1.8m 之间；2）应根据实际情况选择火墙构造形式：竖洞火墙、横洞火墙或花洞火墙等构造形式；3）火墙的烟道数根据长度而定，一般为 3～5 洞，

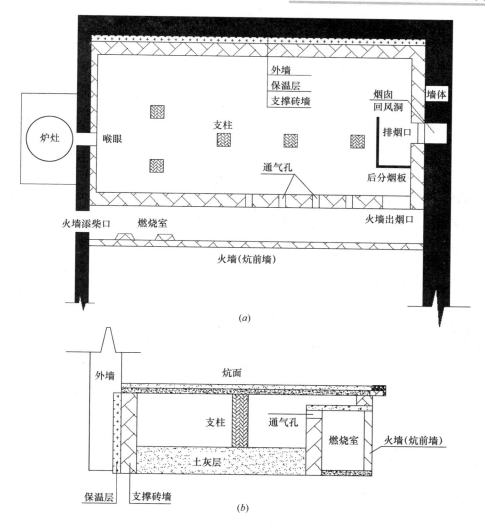

图 5-5 火墙式火炕内部构造图

（a）平面布置图；（b）剖面图

各烟道间的隔墙采用立砖砌筑；4）火墙的砌筑材料宜选用实心黏土红砖或其他蓄热散热材料；5）火墙厚度宜为 240mm 或 300mm，壁厚为 60mm，火墙表面先刷泥浆，再刷白灰浆，以防从缝隙漏烟，当要求表面光滑时，也可在泥浆外抹薄薄一层白灰砂浆，再刷白灰浆；6）火墙应靠近外窗、外门，以便直接加热从门和窗进入的冷空气；7）火墙砌体的散热面尽量设置在下部，以利于室内空气对流，减少室内温度梯度；8）火墙脚体应有一定的蓄热能力，要求砌体的有效容积不小于 0.2m³；9）两侧面同时散热的火墙，靠近外墙布置时应与外墙间隔100～150mm，减少对室外的热量损失。"

2. 部分条文说明

火墙以辐射换热为主，为使其热量主要作用在人员活动区，其高度不宜过高，应控制在 2m 以下，宜为 1.0～1.8m。如果火墙位置过高，则在人员呼吸带以下 1m 的空间温度过低，室内天棚下温度过高，这样在人员经常活动范围内将起不到供暖的应有作用。火墙长度根据房间合理设置。但为了保证烟气流动的充分换热，长度宜控制在 1.0～2.5m 之间，火墙的长度过长，在受到不均匀加热时引起热胀冷缩，易产生裂缝，甚至喷出火花引起火灾。火道截面积的大小依据应用场所而定，如用砖砌，一般可选用 120mm×120mm～240mm×240mm。

5.2.3　燃池供暖设施

燃池是我国东北部分地区兴起的、由"炕"演化而来的一种供暖设施，由当地传统民居中的"炕"演化而来，所以燃池也叫"地炕"。燃池的主体是位于供暖建筑地面下的一个燃烧空间，它以植物残碎的根、茎、叶及锯末等为燃料，如：稻壳、牛马粪类、蓖麻子壳、亚麻屑子、树叶子、麦余子、各种植物根茎等，通过限制供氧及淋水加湿技术，使燃料阴燃缺氧缓慢燃烧产生热量，并通过燃池顶板以传导、辐射和对流方式向室内供热，提高室内温度。图 5-6 为燃池的工作原理。

燃池供暖设施的散热面积大、表面温度低（40℃以下），而火炉供暖设施散

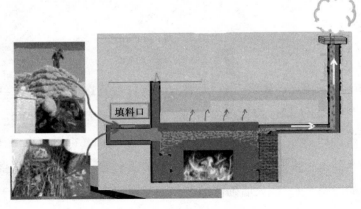

图 5-6　燃池的工作原理

热面积小、表面温度高，一方面向人体辐射强烈，使人体不舒适；另一方面四面墙壁获得辐射热后传到室外的热量相对较多。相比之下燃池供暖比火炉供暖有明显的长处，图 5-7 为燃池的应用实例。

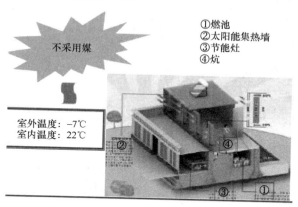

①燃池
②太阳能集热墙
③节能灶
④炕

不采用煤

室外温度：-7℃
室内温度：22℃

图 5-7　燃池应用实例

1. 燃池的燃烧过程和传热方式

（1）燃池的燃烧过程

燃池的正常燃烧过程是阴燃，阴燃是一种无火焰的、低温、低速的燃烧过程。阴燃包括加热干燥、降解和残炭氧化三个过程。

加热干燥是吸热过程，燃料除内部水分外还含有大量的自由水分，所以这一过程吸热强烈。降解过程既包含吸热过程又包含放热过程。在缺氧的条件下燃料吸热裂解，释放出挥发性水分，留下重量轻、形状基本不变的多孔残炭，这是吸热过程，这一过程又叫热解；在温度适宜条件下，挥发性气体遇到氧，发生放热的氧化反应，氧参加了降解过程，直接与固体燃料发生氧化反应，在有足够氧存在的条件下，降解过程也可以是净放热的。残炭的氧化是放热过程，阴燃过程的残炭并非纯碳，它比纯碳更易与氧反应。

以上三个过程的放热和吸热的强烈程度和燃料的种类关系很大，当然适用的燃料种类也很多，以采用混合燃料为好，这样各种燃料在阴燃过程中相互补益、阴燃速度适中、放热均匀。

（2）阴燃的传播速度

阴燃的传播速度主要取决于氧的供应和温度。氧的供应和燃料充填的密实程度有关，为了减缓燃烧速度，燃池中的燃料总是填得很实；另外，氧的供应还与颗粒大小有关，如果颗粒过大，氧不能扩散到颗粒的内部，阴燃可能会停止，所以，燃池的燃料最好经过粉碎，以提高颗粒的比表面积，有利于氧的扩散。温度取决于氧化放热和传热的情况，氧化放热越快温度越高，而温度越高氧化放热也越快。燃池投入的燃料含水量高达 $40\%\sim50\%$，有时还需注水管注入水滴，燃料主要靠水分蒸发吸收大量的热来抑制反应速度。

（3）传热方式

燃池向室内供热是通过燃池顶板以导热、对流和辐射传热方式进行的。一般认为当房间围护结构表面平均温度高于室内温度时为辐射供暖，反之为对流供暖。从供暖的特点看，燃池供暖是直接利用房间围护结构的一部分（顶板）作散热面，然后通过顶板辐射供暖；从室内空气温度与围护结构表面平均温度比较而言，燃池供暖介于辐射供暖和对流供暖之间。据测定，燃池供暖房间的围护结构表面平均温度与空气温度比较接近。

2. 燃池的结构与砌筑技术要求

（1）燃池结构

燃池结构包括：池体、顶部散热板、进料口、出料口、通风孔、调温板、注水管 7 个部分。

（2）砌筑技术要求

1）燃池尺寸及形状的确定

《农村居住建筑节能设计标准》GB/T 50824—2013 和《严寒和寒冷地区农村住房节能技术导则》对燃池的尺寸及形状均作出了规定。其中《农村居住建筑节能设计标准》中第 6.2.10 条规定："池体的横截面积应根据需热量大小和房间的使用情况来确定，宜按房屋内面积与室内燃池散热面积之比 6:1 配置。以长方形或圆形为宜，池深不宜超过 1.6m。"一般要求池深保持在 1.2～1.4m 之间。

2）燃池的地面处理

燃池的地面首先要进行素土平整夯实，然后要根据两种情况分别进行处理：一是水位低的地区可用红砖在池底铺设；二是水位高的地区要用水泥混凝土处理池底，此外还要做好防水，以免池底渗水、造成熄火。这样处理池底清灰也方便。

3）池壁围墙

要求池壁土层垂直，在池壁围墙砌筑时分为两种方式：一种是采用水泥混凝土捣制而成，墙宽为 80～100mm；第二种是用红砖黏土砂浆砌筑而成，墙宽为 240mm。

4）燃池顶板（房间地面）

《农村居住建筑节能设计标准》和《严寒和寒冷地区农村住房节能技术导则》对燃池的顶板均作出了规定。其中《农村居住建筑节能设计标准》中第 6.2.10 条规定："房间地面应进行气密性处理，应采用混凝土现场浇筑，同时燃池上方不应摆放易燃易爆物品。"然而在实际的施工中，燃池顶板的具体做法有两种：一是用 C15 整个浇筑燃池顶板，厚度为 80mm；二是采用预制好的水泥钢筋混凝土板搭成，厚度为 80～100mm。但不管哪种做法，都要在燃池顶板上抹 1：3 水泥砂浆 30mm 厚找平抹光，保证严密性。同时在顶板上留出进（出）料口。

5）进（出）料口的位置与盖板形式

①进（出）料口的位置

《严寒和寒冷地区农村住房节能技术导则》中第 5.2.4 条对燃池填料口的位置作出了规定："填料口应设在房间外或与室外连通的走廊。"根据该条规定进（出）料口应设在烟对角的那端里侧留进（出）料口，大小以人能进出方便为准。一般选用尺寸为上口 520mm×520mm，下口 500mm×500mm，呈上大下小的口形。

②进（出）料口的盖板形式

盖板形式分为水泥混凝土预制板和双层厚铁板两种。水泥混凝土预制板尺寸要求比进（出）料口上下口尺寸各小 5mm，留出密封处理缝隙，并在中心两侧要分别留出两个与板面一平的拉手，用来起放盖板作用。铁板盖板要求在设计进（出）料口时为垂直口形，同时，底口四边还要求内出沿 20mm。然后选用 5mm 以上的铁板，做出与进料口相同尺寸的盖板两块，使用时先放底层铁板，然后上面用干土面或细砂做密封处理，最后再放上层铁板，上层铁板要求放至与地面一平。

6）通风孔

通风孔是起助燃作用的。当池内燃料开始点燃后，如果不设通风孔，很容易会出现焖火或熄火，所以要求初点火时，通风孔全部打开，燃烧正常后再根据室

内温度和池内阴燃情况调整通风孔。《农村居住建筑节能设计标准》中第 6.2.10
条规定:"通风管设在填料口门上方横墙上或侧面。通风管宜采用内径为 30～
40mm 的塑料软管或铁管,管口用锥形木塞调节风量。通风管与墙应接合严密。"
通风管由池内一直引到室外,如低于室外地面时,可引至超出室外地面,以防雨
天进水。

7)烟道尺寸与烟囱

燃池与烟囱之间要砌一条烟道,将它们连接起来,烟道的横截面积可选择
240mm×240mm。关于烟囱《严寒和寒冷地区农村住房节能技术导则》也有规
定,其中第 5.2.4 条:"新砌烟囱应在内壁抹 20mm 厚的水泥砂浆,已建成烟囱
应采取措施保证烟囱的严密性。"

8)调温插板

在烟囱的里侧或外侧适当方便部位设置调温插板,大小尺寸根据烟囱大小自
行选定。调温插板与烟囱内壁密封要好,使用要灵活。平时可根据天气变化和室
内温度需要,随时调节调温板以控制燃池内燃料的阴燃情况。

9)池内注水处理

池内注水是防止池内燃料过快过量燃烧,控制池内燃料阴燃时间的一项有效
措施,当池内温度过高或燃池上顶板过热时,就要给池内适量注水。可采用 6 分
铁管,并将铁管设在燃池内的左、右、下三面,分别在管壁上钻一些小孔,开头
稀疏逐渐密集直至到头,并堵塞这头管口。开头燃池外的铁管要引至适当位置,
当需要加水时可用塑料或胶皮管随时连接,向燃池内喷水。

10)燃池密封要求

燃池各部位密封效果好坏是个关键问题,如散热顶板、进(出)料口盖板、
烟道部分密封效果不好,一是可以加快池内燃料的燃烧,使通风孔和调温插板对
池内燃料燃烧控制失调;二是会使室内空气污染,造成一氧化碳中毒。所以,要
求在施工中一定要把住燃池顶板、进(出)料口盖板和烟囱的密封质量关。《农
村居住建筑节能设计标准》中第 6.2.10 条规定:"烟尘对居住环境污染应低于现
行国家标准《环境空气质量标准》GB 3095—1996 中的二级标准,烟气排放应低
于现行国家标准《工业炉窑大气污染物排放标准》GB 9078—1996 的规定。"

3. 燃池使用技术要求

（1）燃料使用要求

燃料入池时要预先进行处理，一是尽量做到细碎，燃料种类多的要混合均匀；二是要保持一定的湿度，干燃料加水拌匀后应闷1天到2天再入池，使水分含量保持在20%～40%之间。装料时，池的里侧都填含水燃料，池内的燃料如能做到离烟囱近的水分含量在40%，中间部分水分含量在30%，进料口处水分含量在20%，就实现了最佳的装料布局。应注意的是在池口引火区（点火处向里500～700mm）由上到下全部为干料。

（2）操作技术要求

1）投料：打开入料口，把燃料装入池内，要求一层一层楦实。

2）点火：全部打开通风孔和调温插板，在入料口下面装入3～4捆毛草，然后点燃。

3）调节：点火后不能关上填料门、进风口和烟囱插板。待火着起后，填料门可关至留缝的程度。观察燃池上顶板变热的程度：1/4变热时，关严填料门，留风口和插板；1/3变热时，半关风口，半插插板；3/4变热时，全关风口，插板留2mm小缝，若变热不发展则适当调大插板开口。顶板表面温度，可以利用风口和插板的开启程度进行调节，温度稳定后就不用管理了，此时池内燃料燃烧进入正常的阴燃状态。燃池顶板表面温度稳定在30～40℃之间即为合格。

5.3　自然循环热水供暖系统

自然循环热水供暖系统（俗称"土暖气"）是用水作为载热体，通过散热设备把热量传给房间，用这部分热量补偿房间散失的热量，以维持房间一定的温度。为达到此目的，热水供暖系统必须包括三个基本部分：热源（供暖炉）、输热管网和末端装置（散热器）。这种供暖方式既卫生、安全，又便于管理，在农村住房中应用较多。但是，存在耗煤量大、能效低、循环流动不利、管路及设备布置不合理等问题，《农村居住建筑节能设计标准》和《严寒和寒冷地区农村住房节能技术导则》针对这些问题，从系统形式、管路布置、散热器、供暖炉到阀门管件都做出了具体规定。

1. 自然循环与机械循环热水供暖系统

（1）条文内容

《农村居住建筑节能设计标准》中第6.3.1条规定："农村住房宜采用自然循环式散热器供暖系统，热水系统循环不利时，可采用机械式循环系统。"

《严寒和寒冷地区农村住房节能技术导则》中第5.3.1条规定："农村住房内的热水供暖系统应优先采用重力循环（自然循环）式散热器供暖系统，当供暖面积过大，热源中心与散热器中心距过小，使热水系统循环不利时，可采用机械式循环系统。"

（2）自然循环热水供暖系统

自然循环热水供暖系统的作用压力由两部分构成：一是供暖炉加热中心和散热器散热中心的高度差内，供回水立管中水温不同产生的密度差形成的自然作用压力；二是由于水在管路中沿途冷却引起水的容重增大而产生的附加压力。我们知道自然循环热水供暖系统的作用压力越大，对系统循环越有利。而在供回水密度一定的条件下，当散热器散热中心与供暖炉加热中心的高差越大，系统的自然循环作用压力就越大；供水干管与供暖炉中心的垂直距离越大，管道散热及水温的沿途改变所引起的附加压力也越大。因此应尽量提高散热器的安装高度和降低供暖炉的安装高度；供水干管应设在室内天花板下面尽量高的位置上。

自然循环热水供暖系统运行时除耗煤等燃料外，不需其他的运行费用，节能、安全、运行可靠。考虑到以上因素，农村住房中设置的热水供暖系统应尽可能利用自然循环方式。

（3）机械循环热水供暖系统

机械循环热水供暖系统的作用压力主要由水泵提供。在一些大户型的单层农村住房中，供暖面积大，散热器布置的数量多，管路长，系统阻力大，供暖炉和散热器的布置位置和高差受限，使得供暖炉加热中心和散热器散热中心的高度差内，供回水立管中水温不同产生的密度差形成的自然作用压力无法克服系统循环阻力。这时，需增加循环水泵用来提供系统的循环动力。

机械循环热水供暖系统由于增加了循环水泵（微型管道泵），在运行时除耗煤等燃料外，还需使用一些电能。

2. 系统形式的比较

（1）条文内容

《农村居住建筑节能设计标准》中第 6.3.2 条规定："自然循环热水供暖系统的管路布置形式宜采用异程式。单层农村住房的热水供暖系统形式宜采用水平双管式，2 层及以上农村住房的热水供暖系统形式宜采用垂直单管顺流式。"

《严寒和寒冷地区农村住房节能技术导则》中第 5.3.2 条规定："重力循环热水供暖系统宜采用异程式，室内供暖系统宜采用双管形式。"

（2）同程与异程式系统

热水供暖系统的管路布置形式有同程式和异程式两种类型，如图 5-8 所示。从图中可看出，两个系统的差别在于同程式系统比异程式系统的回水总干管多了一段管路，通过各立管的循环环路总长度都相等，各立管环路之间阻力容易平衡，但增加干管长度，增加造价；异程式系统通过各立管的循环环路总长度不等，通过远近立管环路的阻力不同，各立管环路之间容易产生流量分配不均，产生水平失调，但总干管长度缩小，节省管路。

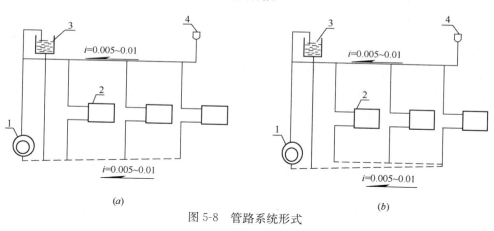

图 5-8　管路系统形式

（a）异程式系统；（b）同程式系统

1—供暖炉；2—散热器；3—膨胀水箱；4—自动排气阀

考虑到农村住房土暖气系统的作用压力小，管路越短，阻力损失越小，对循环越有利，因此宜选择异程式管路系统，即离供暖炉近的房间散热器循环环路短，离供暖炉远的房间散热器循环环路长。农村住房供暖房间一般为 3～5 个，系统循环环路较短，通过适当增加离供暖炉远的立管环路的管径（远立管的管径可比近立管管径大 1 号），减少远立管环路的阻力损失；通过提高远立管处散热器的安装高度，增大远立管环路的自然循环作用压力；通过在近立管的散热器支管上安装阀门，增加近立管环路的阻力损失等措施可使异程式系统造成的水平失调降低到最小。

（3）水平单管与双管式系统

对于单层农村住房，由于安装条件的限制，散热器和供暖炉中心高度差较小，作用压力有限。如果采用水平单管式系统，整个供暖系统只有一个环路，热水流过管路和散热器的阻力较大，对系统循环不利。采用水平双管式系统时，距离供暖炉近的环路，长度短，阻力损失小，有利于循环，而远端散热器环路阻力大，但是通过提高末端散热器的高度可以增大自然作用压力；并且水平双管式系统的供水干管位置可以设置较高，以提高系统循环的附加作用压力；虽然农村住房面积较大，多个房间安装散热器，而实际上并非每个房间都住人，冬季为了节煤，不住人房间的散热器可以关闭，或者将阀门关小，减少进入该房间散热器的流量，其向房间的散热量保持房间较低温度，避免水管等冻裂即可。因此，对于单层农村住房的热水供暖系统宜采用水平双管式。

（4）垂直单管与双管式系统

对于 2 层及以上的农村住房，二层或三层的散热器安装高度比供暖炉高出2.5m 以上，2 层以上系统的循环作用压力远大于 1 层的系统作用压力，如果采用垂直双管式或水平式系统就会造成一层和二层的系统流量不均，出现严重的垂直失调现象，即同一竖向房间冷热不均。垂直单管顺流式系统的作用压力是由同一立管上一层和二层两个散热器组安装高度共同确定的，垂直单管顺流式系统各立管环路的作用压力，大于垂直双管系统中一层散热器环路的作用压力，小于二层散热器环路的作用压力，有效提高了一层系统作用压力偏小的缺点，也缓解了二层作用压力过大的缺点。因此，2 层及以上农村住房的热水供暖系统形式宜采用垂直单管顺流式系统。

3. 系统的作用半径

（1）条文内容

《农村居住建筑节能设计标准》中第 6.3.3 条规定："农村住房自然循环热水供暖系统的作用半径应根据供暖炉加热中心与散热器散热中心高度差来确定。"

《严寒和寒冷地区农村住房节能技术导则》中第 5.3.3 条规定："重力循环系统供暖炉出水总立管与最远端散热器立管之间水平管道长度不宜超过 20m。"

（2）系统的作用半径

自然循环热水供暖系统的作用半径是指供暖炉出水总立管与最远端散热器立管之间水平管道长度。表 5-3 为农村住房进行自然循环热水供暖系统设计时，避免系统因作用压力不足而引起不循环或循环不畅，提供了根据供暖炉加热中心与散热器散热中心高度差确定系统作用半径的数据。

自然循环热水供暖系统的作用半径（m）　　　　表 5-3

供暖炉加热中心和散热器散热中心高度差		作用半径
单层住房	0.2	3.0
	0.3	5.5
	0.4	8.0
	0.5	11.0
	0.6	13.5
	0.7	16.0
	0.8	18.5
	0.9	21.5
2层住房	1.0	24.0
	1.5	33.5
	2.0	46.5
	2.5	59.5

注：表中的作用半径数值是在供水干管高于供暖炉加热中心 1.5m 的垂直高度下计算得到的

4. 供暖炉的选择与布置

（1）条文内容

《农村居住建筑节能设计标准》和《严寒和寒冷地区农村住房节能技术导则》对供暖炉的选择与布置均作出了规定。其中《农村居住建筑节能设计标准》中第 6.3.4 条规定："1）供暖炉应采用正规厂家生产的热效率高、环保型铁制炉具；2）应根据燃料的类型选择适用的供暖炉类型；3）供暖炉炉体应有良好保温；4）燃烧烟煤的供暖炉宜选择带排烟热回收装置，排烟温度高的供暖炉宜在烟囱下部设置水烟囱，充分利用排烟余热；5）供暖炉宜布置在专门锅炉间内，不得布置在卧室或与其相通的房间内；供暖炉设置位置宜低于室内地坪 0.2～0.5m；供暖炉应设置烟道。"

（2）供暖炉的选择

供暖炉的选择应考虑以下因素：

1）是否为正规厂家生产、热效率高、环保的铁制炉具

目前常用的供暖炉有砌筑型和铁制型。砌筑型供暖炉需要人工砌筑，施工麻烦；内部换热盘管构造简单，换热效率低；密封性差，烧过一段时间后，砌筑炉身会有裂缝透气，影响保温和燃烧。铁制炉具外形美观，体积小，由专业厂家成批制造，性能指标经过严格的标定验收，有一定的质量保障，一般是比较先进的，内部构造复杂，换热面积大，热效率高；外围普遍采用蛭石粉、岩棉进行保温，有效减少炉体散热，节能效果好，炉胆内壁可挂耐火炉衬或烧制耐火材料；搬家移动拆装方便。

2）是否满足自家所选燃料对炉具的要求

目前用于农村的供暖炉有多种类型，用户应根据自家所能采用的燃料选择相应的供暖炉类型。燃烧蜂窝煤等型煤用户，应根据使用要求选择单眼、双眼或多眼的蜂窝煤供暖炉；燃烧散煤的用户，由于煤的化学成分不同，因而燃烧特点各异，为适应不同煤种的需要，炉具尺寸，如炉膛深度和吊火高度，也要适当变化。一般来说，烟煤大烟大火，炉膛要浅，以利通风，炉膛深多在 $100\sim150mm$ 之间。烟火室要大，吊火高度（炉口至锅底距离）要高，以利于烟气形成涡流，在烟火室多停留一段时间，有利于烧火做饭。由于烟气带走的热量较多，为了便于回收烟气余热，提高土暖气系统的供热效率，燃烧烟煤的用户宜选择带排烟热回收装置的供暖炉或在供暖炉上外设水烟囱或水烟脖等结构。燃烧农村秸秆压块的用户，可选用生物质气化炉。

（3）供暖炉的布置

供暖炉尽量布置在专门锅炉间内，燃煤供暖炉不能装在卧室或与其相通的房间，以免发生中毒事件；供暖炉间宜设置在房屋的中间部位，避免系统的作用半径过大；为增加系统的自然循环作用压力，应尽可能加大散热器和供暖炉加热中心的高度差，即提升散热器和降低供暖炉的安装高度。散热器在室内的安装高度受到增强对流散热、美观等方面的要求限制，位置不能设在太高，通常散热器的下端距地面 $0.2\sim0.5m$，应尽可能降低供暖炉的安装高度，最好能低于室内地坪 $0.2\sim0.5m$；供暖炉尽可能靠近房屋的烟道，减少排烟长度和排烟阻力，利于燃烧。

5. 散热器的选择与布置

（1）条文内容

《农村居住建筑节能设计标准》和《严寒和寒冷地区农村住房节能技术导则》对供暖炉的选择与布置均作出了规定。其中《农村居住建筑节能设计标准》中第6.3.5条规定："1）散热器宜选择铸铁散热器；2）散热器宜布置在外窗窗台下，当受安装高度限制或布置管道有困难时，也可靠内墙安装；3）散热器宜明装，暗装时装饰罩应有合理的气流通道、足够的通道面积，并方便维修。"除此之外，《严寒和寒冷地区农村住房节能技术导则》另有一条是："散热器安装应具有一定高度，单层建筑散热器中心比炉子水套中心高出至少0.5m。"

（2）散热器的选择

1）对散热器的要求

对散热器的要求主要有以下几个方面：①阻力小，传热系数高，辐射散热量大；②重量轻，占地小，便于安装；③外形美观，不易积尘，清洗方便；④耐腐蚀，寿命长，价格较低。

2）散热器的选择

选择散热器时要根据房间的具体情况，综合考虑经济、美观和使用效果等因素，表5-4是常用散热器的比较。

常用散热器的比较　　　　表5-4

项目＼类型	钢制板式	钢制扁管式	钢制闭式串片	铸铁柱式
散热能力	高	高	低	较高
阻力	较小	较小	较大	较小
美观性	好	好	较好	较差
安装	容易	容易	容易	难
耐久性	差	差	较好	好
使用效果	好	好	较差	较好

（3）散热器的布置

因为冷气流沿整个外墙向下降落，特别是从窗口处进入室内的冷空气比较强烈。当冷气流向下降落后，就会沿地板流向内墙，造成室内温度不均匀，地面附近的下层温度较低，使人产生不舒服的感觉。当散热器布置在外窗台下时，被散热器所加热的热气流向上浮升，正好"顶"住了从窗缝渗入室内而下降的这股冷气流，并直接使它加热，裹挟着它一同沿外窗面上升，形成空气自然对流，从而使室内温度分布均匀，使人感到舒适。

在农村住房中，常能见到因外窗距供暖炉太远而作用半径太大，或因外窗台较低而造成散热器中心低等原因，使系统的总压力难以克服循环的阻力而使水循环不能顺利进行，同时回水主干管也无法直接以向下的坡度连至供暖炉，即出现所谓回水"回不来"情况。在这种场合下，也可以将散热器布置在内墙面上，这样布置时，热空气沿内墙面上升，冷空气沿外墙面和外窗下降，地面附近的空气是冷的，会造成室内温度不均匀。但是，与其将散热器布置在远离供暖炉的外窗台下，系统内的压力不能使系统中的水顺利循环，散热器水温不高，因而室内温度上不去，达不到预想的效果；倒不如就将散热器布置在内墙上，距供暖炉近一些，作用半径小一些，同时因不受窗台高低的限制，可以适当抬高散热器中心，从而室内温度也得以提高。现在农村住房的外窗户基本都采用双玻中空玻璃窗，其保温性和严密性好，冷空气的相对渗透量少，散热器安装在内墙上所引起的室内温度不均匀的问题就不会很突出了。

6. 管路布置

（1）条文内容

《农村居住建筑节能设计标准》中第6.3.6条和《严寒和寒冷地区农村住房节能技术导则》中第5.3.6条对自然循环热水供暖系统的管路布置作出了相同的规定。即："1）管路布置宜短、直，弯头、阀门等部件少；2）供水、回水干管的直径应相同；3）供水、回水干管的敷设，应有坡向供暖炉0.5%～1.0%的坡度；4）供水干管宜高出散热器中心1.0～1.5m安装，回水干管宜沿地面敷设，当回水干管过门时，应考虑设置过门地沟；5）敷设在室外、不供暖房间、地沟或顶棚内的暖气管道应进行保温，保温材料宜采用岩棉、玻璃棉或聚氨酯硬质泡沫塑料，保温层厚度宜不小于30mm。"

（2）管路布置

自然循环热水供暖系统的作用压力包括供回水密度差产生的作用压力和水在管道中沿途冷却产生的附加压力，供水干管距供暖炉中心的垂直距离越大，附加压力也越大，越有利于循环。所以，供水干管应设在室内天花板下面尽量高的位置上，但是自然循环热水供暖系统中需要设置膨胀水箱和排气装置，供水干管的安装位置也会受到膨胀水箱和排气装置的限制，设计时必须充分考虑三者的位置关系后，再确定供水干管的安装高度。

对于单层农村住房的自然循环热水供暖系统，膨胀水箱通常安装在供暖炉附近的回水总干管上，以便于加水，而自动排气阀通常安装在供水干管末端。为了保证系统高点不出现负压，并考虑压力波动，膨胀水箱底部的安装高度应高出供水总干管 30~50mm。为了便于供水干管末端集气和排气，供水干管末端的自动排气装置应高出系统的最高点，并考虑到压力波动，供水干管末端的自动排气装置的安装点应高出膨胀水箱正常水位线 50~80mm。如安装示意图 5-9 所示。在供水干管、膨胀水箱和自动排气装置三者的安装高度关系中，应先确定自动排气装置的安装高度，再反推出膨胀水箱和供水干管的安装位置高度。

一般单层农村住房室内吊顶后的净高为 2.7m，考虑膨胀水箱的安装高度，供水干管的安装标高为 2.0m 左右，散热器中心通常的安装高度为 0.5~0.7m，因此，提出供水干管宜高出散热器中心 1.0~1.5m 安装。

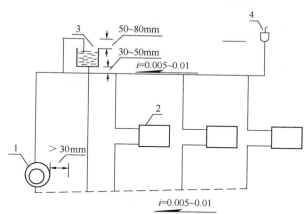

图 5-9　单层农村住房供水干管的安装位置高度关系示意图

1—供暖炉；2—散热器；3—膨胀水箱；4—自动排气阀

7. 阀门与附件的选择和布置

（1）条文内容

《农村居住建筑节能设计标准》和《严寒和寒冷地区农村住房节能技术导则》对供暖炉的选择与布置均作出了规定。其中《农村居住建筑节能设计标准》中第6.3.7 条规定："1) 散热器的进、出水支管上应安装关断阀门，关断阀门应选用阻力较小的闸板阀或球阀；2）膨胀水箱（补水罐）的膨胀管上严禁安装阀门；3）单层住房内膨胀水箱宜安装在室内靠近供暖炉的回水总干管上，其底端安装高度应高出供水干管 30～50mm；二层以上农村住房内膨胀水箱宜安装在上层系统供水干管的末端，且膨胀水箱的安装位置应高出供水干管 50～100mm；4）供水干管末端及中间上弯处应安装自动排气装置或排气管。"

（2）阀门与附件的选择和布置

单层农村住房的膨胀水箱连接到靠近锅炉的总回水干管上。按照理论，在自然循环热水供暖系统中，膨胀水箱应安装在供水总管上，便于排气。考虑到供水总管上安装膨胀水箱，容易溢水，并且溢水温度高，排气不畅等原因，膨胀水箱还是通过膨胀管直接安装在回水总干管上，由于膨胀水箱需要经常加水，并可能有溢水的现象发生，因此膨胀水箱与回水总干管的连接点宜靠近供暖炉，但水平距离应大于 0.3m。在系统不循环时，膨胀水箱中的水位即为系统水位高度，为了避免系统缺水，特别是供水干管空管，膨胀水箱的安装高度（即下端）应高出供水干管 30～50mm，膨胀水箱中如果有一定的水位，供水干管就不会出现空管现象。

对于 2 层以上农村住房，膨胀水箱不宜设置在一楼的供暖炉附近的回水干管上，宜安装在上层系统供水干管的末端，为了便于加水，膨胀水箱应设置在卫生间或其他辅助用房内，且膨胀水箱的安装位置应高出供水干管 50～100mm，如图 5-10 所示。为便于系统排气，上层散热器上宜安装手动排气阀。

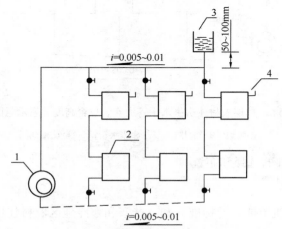

图 5-10　二层以上农村住房膨胀水箱的安装位置

1—供暖炉；2—散热器；3—膨胀水箱；4—散热器手动排气阀

8. 运行维护保养

《严寒和寒冷地区农村住房节能技术导则》对热水供暖系统的运行维护保养提出了要求：

（1）炉膛内的结渣、积灰和烟囱内的积灰应经常彻底的清理；

（2）经常向系统内补水避免干烧；

（3）定期清理水套夹缝之间的煤渣、积灰和焦油；

（4）定期清理、擦拭炉盘炉体，保持干净整洁，防止腐蚀；

（5）定期清理盛灰斗内的积灰，避免烧坏炉；

（6）炉内膛泥如有损坏，应及时用耐火水泥或黄泥修补；

（7）禁止使用系统中的热水，以保证炉具的使用寿命；

（8）冬季停炉维修或当系统暂时不运行时，应将系统内的水放净，以防止结冰冻坏管路和炉体，若系统或炉体已结冰，必须使冰安全融化后，方可重新点火，以防止因系统冰堵，而发生爆炸事故；

（9）非供暖季停炉时，对炉子和系统应采取湿法保养，即停炉后将炉内和系统内保持满水状态；清理炉子水套上的积尘和炉膛、灰斗内的灰渣，炉条上部放一些石灰粉，保持干燥，减少腐蚀，将烟囱内的积灰清理干净，并将烟囱出口盖住，防止下雨漏水。

6

天然光是一种无污染、可再生的天然优质光源，具有照度均匀、无眩光、持久性好等特点。面对能源危机、环境污染等问题，天然采光在现代建筑中越来越受到重视，例如大型建筑室内空间、地下空间、隧道等，若能充分利用天然光，可大量节省照明用电。

由此可知，村镇住宅采光设计的目的，就在于充分利用天然光这一丰富天然资源，设计出合理的窗口形式、适量的窗口面积、恰当的窗口位置以及采取必要的采光设施，使室内获得一个良好的采光环境。在保证光的方向、亮度分布上能够满足室内工作、学习、生活等要求的基础上，有效地节约室内照明能耗。

6.1 采光设计标准

6.1.1 采光系数

太阳是天然光的光源。太阳光在通过地球大气层时被空气中的尘埃和气体分子扩散，结果白天的天空呈现出一定的亮度，这就是天空光。在采光设计中，天然光往往指的是天空光。通过长期的光气候观测、分析、得出了我国年平均总照度分布，并且以北京地区为标准，将全国分为 5 个光气候区。Ⅰ区最好，Ⅴ区最差，北京为Ⅲ区。

1. 采光系数

由于室外照度经常变化，必然引起室内照度随之变化，因此对采光的要求，我国和其他许多国家都采用相对值，即：

$$C = \frac{E_n}{E_w} \times 100\%$$

(6-1)

式中　C——采光系数，W；

　　　E_n——室内某一点的天然光照度，lx；

　　　E_w——与 E_n 同一时间，室外无遮挡的天空扩散光在水平面上产生的照

　　　　　　度，lx。

2. 采光系数标准值

对于不同的视觉工作等级以及不同的采光窗口位置，所要求的采光系数是不同的。采光标准以第Ⅲ光气候区为基准，规定了采光系数标准值。但是由于室外天然光照度经常变化，当室外照度很低时，即使再好的采光设计，虽然达到了采光系数标准值，也不能满足室内要求。因此有一个临界的室外照度，即室内开始需要人工照明时的室外照度。在临界照度下，采光标准规定了与采光系数标准值相对应的室内最低照度，见表6-1。

采光系数标准值　　　　　　　　　　　　表6-1

采光等级	视觉工作特征		侧面采光		顶部采光	
	工作精确度	识别物件细节尺寸 d（mm）	室内天然光照度（lx）	采光系数 C_{min}（%）	室内天然光照度（lx）	采光系数 C_{av}（%）
Ⅰ	特别精细工作	$d \leqslant 0.15$	250	5	350	7
Ⅱ	很精细工作	$0.15 < d \leqslant 0.3$	150	3	250	5
Ⅲ	精细工作	$0.3 < d \leqslant 1.0$	100	2	150	3
Ⅳ	一般工作	$1.0 < d \leqslant 5.0$	50	1	100	2
Ⅴ	粗糙仓库工作	$d > 5.0$	25	0.5	50	1

3. 《农村居住建筑节能设计标准》对于村镇住宅的室内采光规定

目前我国制定的与采光相关的规范，包括《城市居住区规划设计规范》、《建筑采光设计标准》、《住宅设计规范》等，其中对于采光设计的规定主要是通过规定不同功能房间的采光系数和采光系数标准值来实现的。《农村居住建筑节能设计标准》同样规定了村镇住宅的室内采光要求，即：7.2.1 条"房间的采光系数或采光窗地面积比应符合《建筑采光设计标准》GB/T 50033 的规定。"在新颁布的《建筑采光设计标准》GB/T 50033—2013 中，对采光照明等做了如下规定：为了保证居民的健康和生活、工作方便，起居室、卧室、书房等的活动区平均照度值应达到 120lx 以上，见表6-2。

居住建筑采光系数标准值 表 6-2

采光等级	房间名称	侧面采光	
		采光系数最低值 C_{min}（%）	室内天然光临界照度（lx）
Ⅳ	起居室（厅）、卧室、书房	1	50
Ⅴ	卫生间、过厅、楼梯间、餐厅	0.5	25

6.1.2 照度均匀度

视野内照度分布不均匀，易使人眼睛疲乏，视觉功能下降，影响工作效率。因此，要求房间内照度分布应有一定的均匀度。采光标准规定：顶部采光时，视觉工作等级为Ⅰ～Ⅳ的采光均匀度要求在 0.7 以上。

6.1.3 眩光限制

眩光限制是采光质量的重要部分。在晴天太阳直射光的照度很高，由侧窗直接引进室内容易出现眩光，引起视觉不舒适、降低物体可视度。因此，采光标准规定了侧窗窗口亮度的限值。

6.2 村镇住宅采光技术

为了取得天然光，需要在房屋的外围护结构（墙、屋顶）上开设各种形式的洞口，并在它的外面装上玻璃、有机玻璃等透明材料，这些透明的孔洞称为采光口。村镇住宅必须依据相关的规范、标准或导则，正确实施采光技术，对采光口进行优化设计。

6.2.1 村镇住宅采光技术要求

在有关的村镇住宅节能标准中，对天然采光照明做了一些如下的技术规定：

1.《严寒和寒冷地区农村住房节能技术导则》

（1）3.3.9 条 5 "门窗洞口的开启位置应有利于提高采光面积利用率"；

（2）3.3.9 条 7 "考虑照明节能，单面采光房间的进深不宜超过 6m"；

（3）4.3.7条2"门窗宜靠近墙体的外表面安装，使墙体尽可能少遮挡进入室内的光线"。

2.《农村居住建筑节能设计标准》

7.2.3条"农村住房宜利用太阳能作为照明能源"。

6.2.2　村镇住宅采光技术

室内采光设计，很大一方面在于合理地设置采光口的位置、尺寸和形状。根据采光口所在位置的不同，可以分为侧窗（安装在侧墙上）采光和天窗（安装在屋顶上）采光两种。

侧窗采光又分单侧窗和双侧窗，可以用于任何有侧墙的建筑内。这是最常见的采光口形式，但是由于它的照射范围有限，只能用于进深不大的房间内。天窗采光可用于任何有屋顶的场所内，由于天窗采光口位于屋顶上，在开窗面积、形式、位置方面受限制较少，故室内照度不论从它的分布或数量上都比较容易掌握。这种形式可用于村镇住宅单层或多层住宅的顶层。还有些建筑同时采用以上两种采光形式，称为混合采光。

以下对这几种常用采光形式的采光特性，以及影响采光效果和能耗的各种因素进行介绍。

1. 侧窗采光

在房间的一侧或两侧墙上开窗，是最常见的采光形式。侧窗构造简单，布置方便，造价低廉，光线具有强烈的方向性，有利于形成阴影，对观看立体物体特别适宜，并可直接看到外界景物，扩大视野，因此使用极为普遍，如图6-1所示。对于采光量而言，面积和窗台标高相等的情况下，正方形最高，竖长方形次之，横长方形最少；对于照度均匀性而言，与上文相同条件时，竖长方形进深方向好，横长方形宽度方向好，正方形居中。

2. 天窗采光

对于住宅而言，多数情况下的天窗采光采用的是平天窗方式，即在屋面直接开洞，铺上透光材料（钢化玻璃、铅丝玻璃、玻璃钢、塑料等），不需要特殊的天窗架，施工简便。平天窗可用在村镇住宅的坡屋面（如槽瓦屋面），如图6-2所示，也可用于坡度较小的屋面上（如大型屋面板）。可做成采光罩、采光板及

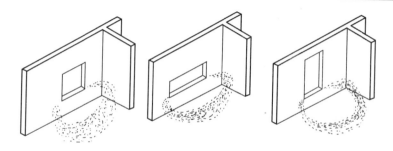

图 6-1 开窗形状、布置对采光量及照度的影响

采光带。在构造上可以有多种变化，以适应不同材料和屋面构造。

　　平天窗采光效率高，布置灵活，而且照度容易达到均匀。实验表明：平天窗在屋面的位置影响均匀度和采光系数平均值。当它布置在屋面中部靠近屋脊时，室内的均匀度和采光系数平均值获得最大值。

图 6-2 坡屋面的天窗

图 6-3 洞口装上乳白玻璃的平天窗

　　平天窗由于位置为水平或与水平成很小的夹角，面向整个天空，因此直射阳光很容易入内，导致室内照度不均匀。因此在晴天很多的地区，要考虑采用一定的措施将直射阳光扩散。方法有：在洞口装上乳白玻璃（如图 6-3 所示）、毛玻璃或上漆玻璃。在透明玻璃下方做格栅有一定效果，但是对于南方地区，当下午太阳高度角较高时，效果会很不理想。因此，对于南方炎热地区，天窗采光要谨慎采用。此外，对于北方寒冷地区，应采用高保温玻璃（双层中空玻璃或镀膜双层中空玻璃等）作为天窗采光的透明材料，以避免在玻璃内表面出现凝结水的问题。

6.3 村镇住宅照明节能措施

村镇住宅照明节能设计应以安全、适用、经济、美观为原则，遵照相关标准正确采用节能措施，合理的选择照明方式、光源种类和功率、灯具的形式和数量及灯光控制器等。

6.3.1 村镇住宅照明节能要求

在有关的村镇住宅节能标准中，对村镇住宅照明提出了如下的节能要求：

1.《农村居住建筑节能设计标准》

（1）7.1.1条"农村住房每户照明功率密度值不宜大于表6-3的规定。当房间的照度值高于或低于规定的照度时，其照明功率密度值应按比例提高或折减"；

每户照明功率密度值

表 6-3

房　　间	照明功率密度 (W/m²)		对应照度值 (lx)
	现行值	目标值	
起居室			100
卧　室			75
餐　厅	7	6	150
厨　房			100
卫生间			100

（2）7.1.2条"农村住房应选用节能高效光源、高效灯具及其电器附件。有条件的农村住房户内宜设置家居智能照明控制系统"；

（3）7.1.3条"集中建设农村住房的楼梯间、楼梯前室、走道等公共部位应采用节能自熄开关"；

（4）7.1.4条"农村住房公共部位的照明应选用高效光源、高效灯具（包括节能附件）及采用节能控制方式"；

（5）7.1.5条"农村住房应按户设置电能计量装置，电能计量装置的选取应根据家庭用电负荷选用"；

（6）7.1.6条"建筑物内三相供电时，配电系统应考虑三相负荷的平衡"；

（7）7.1.7条"宜根据供配电系统的要求，合理设置无功功率补偿装置"；

（8）7.2.2条"农村住房内宜随室外天然光的变化自动调节人工照明照度"。

2.《严寒和寒冷地区农村住房节能技术导则》

（1）7.0.1条"农村住房应按户设置电能计量装置"；

（2）7.0.2条"农村住房内应选用节能高效照明灯具及其电器附件和配线器材；避免使用白炽灯"；

（3）7.0.3条"农村新建住房和既有住房的照明线路应使用铜线"；

（4）7.0.4条"农村住房的电源线路应避免明装，应采用穿钢管或PVC塑料管的暗装敷设；电线敷设于墙内、楼板内和吊顶内时应穿管敷设，严禁直接敷设在墙内，吊顶内电线应穿阻燃PVC电线管"。

6.3.2 村镇住宅照明节能措施

1. 照明节能

照明节能就是在保证不降低视觉要求的条件下，最有效的利用照明用电。具体措施有：

（1）采用高光效长寿命光源；

（2）选用高效灯具，对于气体放电灯还要选用配套的高质量电子镇流器；

（3）选用配光合理的灯具；

（4）根据视觉要求；确定合理的照度标准值及合适的照明方式；

（5）室内顶棚、墙面、地面宜采用浅色装饰；

（6）室内照明线路宜分细，多设开关，位置适当，便于分区开关灯；

（7）设置电能计量装置，应优先选用功率因数高的电气设备和照明灯具；

（8）采用节能自熄开关；采用普通开关时，农村住房公共部位的灯常因开关不便而变成"长明灯"，造成电能浪费和光源损坏。采用节能自熄开关能降低照明耗电量，以达到节能的目的。

（9）行为节能。村镇居民必须了解自身用电情况，规范用电行为，达到行为节能的目的。

2. 节能灯具

顾名思义，节能灯具就是能够比原先产品更加节约能源，在照明光源选择上应避免使用光效低的白炽灯。细管径荧光灯（T5 型等）、紧凑型荧光灯、LED 光源等具有光效高、光色好、寿命较长等优点，是目前比较适于村镇住宅室内照明的高效光源。节能灯具从下述四个方面对产品进行优化：

（1）在老产品中，使用了节能的光源节能镇流器或高效的设备；

（2）在新产品中，使用了新的被接受的照明原理，从而提高了光线的利用率；

（3）采用了新的设计思想或方法，创造了一种新的形式，得到了对光源光线利用率更高的或照明效果更好的灯具产品；

（4）使用了新的材料，使灯具的效率更高或光衰退更小，减少了维护，提高了灯具光线的利用效率。

沼气技术及相关标准

7

　　村镇能源的开发利用是农村和农业节能的关键，随着农村经济的发展，农村对优质商品能源的需求量还将继续增加，农村地区能源供需矛盾也将更加突出。以秸秆、薪柴等传统生物质能源为主的农村生活能源消费结构，既破坏植被，不利于环境保护，又加剧了商品能源供求紧张状况，相应增加了农民负担。

　　沼气作为我国第四大能源——生物质能源的重要组成部分，是一种可再生的清洁能源，既可替代秸秆、薪柴等传统生物质能源，也可替代煤炭等商品能源，而且能源效率明显高于秸秆、薪柴、煤炭等。发展农村沼气，既有利于解决农民生活能源，又有利于保护生态环境，是贯彻落实科学发展观、推进社会主义新农村建设和构建和谐农村的重要手段。

　　本章主要介绍与村镇节能型住宅相关的农村户用沼气技术及相关标准，具体包括户用沼气的基本知识、户用沼气池建设技术及相关标准、户用沼气管路设施及相关标准、沼气设备及其配件标准等。

7.1　户用沼气基本知识

7.1.1　沼气及其产生过程

　　在日常生活中，特别是在气温较高的夏、秋季节，人们经常可以看到，从死水塘、污水沟、储粪池中，咕嘟咕嘟地向表面冒出许多小气泡，如果把这些小气泡里的气体收集起来，用火去点，便可产生蓝色的火苗，这种可以燃烧的气体就是沼气。

　　沼气实质上是人畜粪尿、生活污水和植物茎叶等有机物质在一定的水分、温度和厌氧条件下，通过微生物发酵作用，产生的一种可燃气体。由于这种气体最初是在沼泽、湖泊、池塘中发现的，所以人们叫它沼气。

沼气的主要成分是甲烷（CH_4）。通常把沼气细菌分解有机物，产生沼气的过程叫沼气发酵，根据沼气发酵过程中各类细菌的作用，沼气细菌可以分为两大类。第一类细菌叫做分解菌，它的作用是将复杂的有机物分解成简单的有机物和二氧化碳（CO_2）等。它们当中有专门分解纤维素的，叫纤维分解菌；有专门分解蛋白质的，叫蛋白质分解菌；有专门分解脂肪的，叫脂肪分解菌。第二类细菌叫含甲烷细菌，通常叫甲烷菌，它的作用是将简单的有机物及二氧化碳氧化或还原成甲烷。因此，有机物变成沼气的过程，就好比工厂里生产一种产品的两道工序：首先是分解细菌将粪便、秸秆、杂草等复杂的有机物加工成半成品——结构简单的化合物；然后就是在甲烷细菌的作用下，将简单的化合物加工成产品——即生成甲烷。

7.1.2　沼气的成分

沼气的主要成分有甲烷气体、二氧化碳气体及少量的硫化氢气体、一氧化碳气体、氢气、氮气、氨气、氧气等。其中：甲烷气体一般占总体积的 55%～70%，二氧化碳气体占总体积的 30%～40%，其他几种气体含量一般不超过总体积的 2%。沼气的成分组成受发酵原料、发酵条件、发酵阶段等多种因素影响。通常情况下，富碳原料所产沼气中甲烷比例偏低，脂肪、蛋白质多的原料产的沼气中甲烷比例较高；在甲烷菌菌群量大，环境条件利于甲烷菌活动时，所产沼气中甲烷的比例高些，反之会低些；新建沼气池初期所产沼气中，甲烷比例偏低，随着甲烷菌群数量的增加，甲烷所占比例也随之提高。

7.1.3　沼气的理化性质

沼气是一种无色、有味、有毒、有臭的气体，它的主要成分甲烷在常温下是一种无色、无味、无臭、无毒的气体。甲烷分子式是 CH_4，是一个碳原子与四个氢原子所结合的简单碳氢化合物。甲烷对空气的重量比是 0.54，比空气约轻一半。甲烷在水中的溶解度很少，所以通常用水封的办法来贮存沼气，如在 20℃、0.1kPa 时，100 单位体积的水，只能溶解 3 个单位体积的甲烷。

甲烷是简单的有机化合物，是优质的气体燃料，燃烧时呈蓝色火焰，最高温度可达 1400℃左右。纯甲烷每立方米发热量为 36.8kJ，从热效率分析，每立方米沼气所能利用的热量，相当于燃烧 3.03 千克煤所能利用的热量。

7.1.4　沼气发酵基本原理

沼气发酵需要两种微生物的作用，一种是不产甲烷菌，不产甲烷菌能将复杂的大分子有机物变成简单的小分子量的物质。它们的种类繁多，根据作用基质来分，有纤维分解菌、半纤维分解菌、淀粉分解菌、蛋白质分解菌、脂肪分解菌和一些特殊的细菌，如产氢菌、产乙酸菌等。另一种是产甲烷菌，产甲烷菌在自然界中广泛分布，如土壤、湖泊、沼泽、反刍动物（牛羊等）的胃肠道、淡水或碱水池塘污泥、下水道污泥、腐烂秸秆、牛马粪以及城乡垃圾堆中都有大量的产甲烷菌存在。

沼气在上述微生物作用下的发酵过程分为三个阶段：

（1）水解发酵阶段

各种固体有机物通常不能进入微生物体内被微生物利用，必须在好氧和厌氧微生物分泌的胞外酶、表面酶（纤维素酶、蛋白酶、脂肪酶）的作用下，将固体有机质水解成分子量较小的可溶性单糖、氨基酸、甘油、脂肪酸。这些分子量较小的可溶性物质就可以进入微生物细胞之内被进一步分解利用。

（2）产酸阶段

各种可溶性物质（单糖、氨基酸、脂肪酸），在纤维素细菌、蛋白质细菌、脂肪细菌、果胶细菌胞内酶作用下继续分解转化成低分子物质，如丁酸、丙酸、乙酸以及醇、酮、醛等简单有机物质；同时也有部分氢气（H_2）、二氧化碳（CO_2）和氨（NH_4）等无机物的释放。但在这个阶段中，主要的产物是乙酸，约占 70% 以上，所以称为产酸阶段。参加这一阶段的细菌称之为产酸菌。

（3）产甲烷阶段

由产甲烷菌将第二阶段分解出来的乙酸等简单有机物分解成甲烷和二氧化碳，其中二氧化碳在氢气的作用下还原成甲烷。这一阶段叫产气阶段，或叫产甲烷阶段。

7.1.5　沼气发酵基本条件

沼气发酵需要以下基本条件：

（1）碳氮比适宜的发酵原料

沼气发酵原料按其物理形态分为固态原料和液态原料两类；按其成分又有富氮原料和富碳原料之分。富氮原料通常指富含氮元素的人、畜和家禽的粪便，这类原料经过了人和动物肠胃系统的充分消化，一般颗粒细小，含有大量低分子化合物——人和动物未吸收消化的中间产物，含水量较高。因此，在进行沼气发酵时，它们不必进行预处理，就容易厌氧分解，产气很快，发酵期较短。富碳原料通常是指富含碳元素的秸秆和秕壳等农作物的残余物，这类原料富含纤维素、半纤维素、果胶以及难降解的木质素和植物蜡质。干物质含量比富氮的粪便原料高，且质地疏松，比重小，进沼气池后容易飘浮形成发酵死区——浮壳层，发酵前一般需经预处理。富碳原料厌氧分解比富氮原料慢，产气周期较长。氮素是构成微生物躯体细胞质的重要原料，碳素不仅构成微生物细胞质，而且提供生命活动的能量。发酵原料的碳氮比不同，其发酵产气情况差异也很大。从营养学和代谢作用角度看，沼气发酵细菌消耗碳的速度比消耗氮的速度要快 25～30 倍。因此，在其他条件都具备的情况下，碳氮比例配成 25：1～30：1 可以使沼气发酵在合适的速度下进行。如果比例失调，就会使产气和微生物的生命活动受到影响。因此，制取沼气不仅要有充足的原料，还应注意各种发酵原料碳氮比合理搭配。

（2）质优量足的菌种

沼气发酵微生物是人工制取沼气的内因条件，一切外因条件都是通过个基本的内因条件才能起作用。因此，沼气发酵的前提条件就是要接入含有大量这种微生物的接种物，或者说含量丰富的菌种。沼气发酵微生物都是从自然界来的，而沼气发酵的核心微生物菌落是产甲烷菌群，一切具备厌氧条件和含有有机物的地方都可以找到它们的踪迹。它们的生存场所，或者说人们采集接种物的来源主要有如下几处：1）沼气池、湖泊、沼泽、池塘底部；2）阴沟污泥；3）积水粪坑；4）动物粪便及其肠道；5）屠宰场、酿造厂、豆制品厂、副食品加工厂等阴沟以及人工厌氧消化装置中。

给新建的沼气池加入丰富的沼气微生物群落，目的是为了很快地启动发酵，而后又使其在新的条件下繁殖增生，不断富集，以保证大量产气。

农村沼气一般加入接种物的量为总投料量的 10%～30%。在其他条件相同的情况下，加大接种量，产气快、气质好，启动不易出现偏差。

（3）严格的厌氧环境

沼气微生物的核心菌群——产甲烷菌是一种厌氧性细菌，对氧特别敏感，它们在生长、发育、繁殖、代谢等生命活动中都不需要空气，空气中的氧气会使其生命活动受到抑制，甚至死亡。产甲烷菌只能在严格厌氧的环境中才能生长。所以，修建沼气池要严格密闭，不漏水，不漏气，这不仅是收集沼气和贮存沼气发酵原料的需要，也是保证沼气微生物在厌氧生态条件下生活得好，使沼气池能正常产气的需要。这就是为什么把漏水漏气的沼气池称为"病态池"的道理。

（4）适宜的发酵温度

温度是沼气发酵的重要外因条件。温度适宜则细菌繁殖旺盛，活力强，厌氧分解和生成甲烷的速度就快，产气就多。从这个意义上讲，温度是产气好坏的关键。

研究发现：在 $10\sim60℃$ 的范围内，沼气均能正常发酵产气。低于 $10℃$ 或高于 $60℃$ 都严重抑制微生物生存、繁殖，影响产气。在这一温度范围内，一般温度愈高，微生物活动愈旺盛，产气量愈高。微生物对温度变化十分敏感，温度突升或突降，都会影响微生物的生命活动，使产气状况恶化。

通常把不同的发酵温度区分为三个范围，即把 $46\sim60℃$ 称为高温发酵，$28\sim38℃$ 称为中温发酵，$10\sim26℃$ 称为常温发酵。农村沼气池靠自然温度发酵，属于常温发酵。常温发酵虽然温度范围较广，但在 $10\sim26℃$ 范围内，温度较高，产气较好。这就是为什么沼气池在夏季，特别是气温最高的 7 月产气量大，而在冬季最冷的 1 月产气量很少，甚至不产气的原因，也是农村沼气池在管理上强调冬季必须采取越冬措施，以保证正常产气的原因。

（5）适宜的酸碱度

沼气微生物的生长、繁殖，要求发酵原料的酸碱度保持中性，或者微偏碱性，过酸、过碱都会影响产气。测定表明，酸碱度在 $pH=6\sim8$ 之间，均可产气，以 $pH=6.5\sim7.5$ 产气量最高，pH 低于 6 或高于 9 时均不产气。

农村户用沼气池发酵初期由于产酸菌的活动，池内产生大量的有机酸，导致 pH 下降。随着发酵持续进行，氨化作用产生的氨中和一部分有机酸，同时甲烷菌的活动，使大量的挥发酸转化为甲烷（CH_4）和二氧化碳（CO_2），使 pH 逐渐回升到正常值。所以，在正常的发酵过程中，沼气池内的酸碱度变化可以自然进行调解，先由高到低，然后又升高，最后达到恒定的自然平衡（即适宜的pH），一般不需要进行人为调节。只有在配料和管理不当，使正常发酵过程受到破坏的情况下，才可能出现有机酸大量积累，发酵料液过于偏酸的现象。此时，可取出部分料液，加入等量的接种物，将积累的有机酸转化为甲烷，或者添加适量的草木灰或石灰澄清液，中和有机酸，使酸碱度恢复到正常。

（6）适度的发酵浓度

农村沼气池的负荷通常用发酵原料浓度来体现，适宜的干物质浓度为 4%～10%，即发酵原料含水量为 90%～96%。发酵浓度随着温度的变化而变化，夏季一般为 6% 左右，冬季一般为 8%～10%。浓度过高或过低，都不利于沼气发酵。浓度过高，则含水量过少，发酵原料不易分解，并容易积累大量酸性物质，不利于沼气菌的生长繁殖，影响正常产气。浓度过低，则含水量过多，单位容积里的有机物含量相对减少，产气量也会碱少，不利于沼气池的充分利用。

（7）持续的搅拌

静态发酵沼气池原料加水混合与接种物一起投进沼气池后，按其比重和自然沉降规律，从上到下将明显的逐步分成浮渣层、清液层。大量的微生物集聚在底层活动，因为此处接种污泥多，厌氧条件好，但原料缺乏，同时形成的密实结壳，不利于沼气的释放。为了改变这种不利状况，就需要采取搅拌措施，变静态发酵为动态发酵。

实践证明，适当的搅拌方法和强度，可以使发酵原料分布均匀，增强微生物与原料的接触，使之获取营养物质的机会增加，活性增强，生长繁殖旺盛，从而提高产气量。搅拌又可以打碎结壳，提高原料的利用率及能量转换效率，并有利于沼气的释放。采用搅拌后，平均产气量可提高 30% 以上。

沼气池的搅拌通常分为机械搅拌、气体搅拌和液体搅拌三种方式。机械搅拌是通过机械装置运转达到搅拌的目的；气体搅拌是将沼气从池底部冲进去，产生较强的气体回流，达到搅拌的目的；液体搅拌是从沼气池的出料间将发酵液抽出，然后从进料管冲入沼气池内，产生较强的液体回流，达到搅拌的目的。

农村户用沼气通过采用强制回流的方式进行人工液体搅拌，即用人工回流搅拌装置或污泥泵将沼气池底部料液抽出，再泵入进料部位，促使池内料液强制循环流动，提高产气量。

《农村家用沼气发酵工艺规程》GB 9958—1988 规定了农村家用沼气池的沼气发酵工艺操作规程，具体包括发酵原料、接种物、沼气池的启动、沼气池的运行管理、沼气池的温度及增温保温措施、沼气池的大换料及安全注意事项等内容。本标准适用于我国农村池容为 $6m^3$、$8m^3$、$10m^3$ 的家用水压式沼气池，其他类型的常规沼气发酵装置可参照使用。

7.2 户用沼气池建设技术及相关标准

7.2.1 农村户用沼气池的规划与选址

对当前农村来说，户用沼气池的建设不是单一的工程建设，而应与各自庭院建设统一规划，在规划建造沼气池的同时，要充分考虑畜禽圈舍、厕所和厨房的改造。沼气池的规划建设应符合《农村沼气"一池三改"技术规范》NY/T 1639—2008 的规定，该标准规定了农村户用沼气池与圈舍、厕所、厨房的总体布局、技术要求、建设要求、管理方法以及操作和安全规程，适用于农村户用沼气池与圈舍、厕所和厨房的配套改造和建设，如图 7-1 所示。

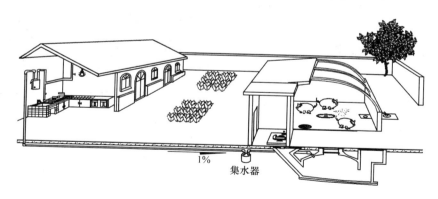

图 7-1 农村沼气"一池三改"示意图

"一池三改"指户用沼气池建设与改厕，改圈和改厨同步设计，同步施工。改圈是指圈舍要与沼气池相连，水泥地面，混凝土预制板圈顶。北方地区要建成太阳能暖圈，并采取保温措施。改厕是指厕所与圈舍一体建设，与沼气池相连。厕所内要安装蹲便器。改厨是指厨房内的沼气灶具、沼气调控净化器、输气管道等安装要符合相关的技术标准和规范。厨房内炉灶、橱柜、水池等布局要合理，室内灶台砖垒，台面贴瓷砖，地面要硬化。

如果建池地为新建园区，畜禽圈舍均未建设，应首选先建沼气池后建圈舍、厕所的方法，将沼气池建在圈舍、厕所的下边，进料口在圈舍内，出料间在圈舍外，这样既节约占地面积，又利于沼气池冬季保温。若圈舍、厕所均已建好，可另选址建池，选址时应遵循以下原则：

（1）应选在靠近发酵原料的地方，与畜禽圈舍排粪口相连接，这样可以节约运输原料的劳力，容易使沼气池始终保持正常的发酵温度。

（2）选址应选在尽可能靠近用气（厨房）的地方，输气距离一般不要超过 30m。

（3）沼气池选址应离开建筑物 40cm，距离树木 5m 以上，防止树根伸展至池体，造成损坏；距离铁路、公路 10m 以上，防止较大震动，造成池体损坏。

（4）建池地点地基要土质均匀坚实，切忌一边实一边松，尽量避开低洼或地下水位高长期积水的地方。

（5）建池地点应选择背风向阳、没有遮阳建筑物、冬季容易保温的地方。

对于有条件的农户，尽可能按照"三位一体"、"四位一体"等户用农村能源生态工程的生态家园模式建设，全面应用沼气综合利用技术，争取获得最大的综合效益。户用农村能源生态工程可参照《户用农村能源生态工程　南方模式设计施工与使用规范》NY/T 465—2001、《户用农村能源生态工程　北方模式设计施工和使用规范》NY/T 466—2001。其中 NY/T 465—2001 标准规定了"南方模式"总体设计要点、沼气池的设计与施工、猪舍的设计与施工、厕所的设计与施工、果园的设计与施工、沼气池的日常管理、猪舍的管理、果园的管理、沼液、沼渣在其他种植业上的应用、沼液、沼渣在其他养殖业上的应用等内容，该标准适用于我国南方丘陵地区的农户和果园场，如图 7-2 所示。NY/T466—2001 标准规定了"北方模式"总体设计要点、沼气池的设计施工、配套猪舍和厕所的建设、日光温室的建造、沼气池的启动与日常管理等内容，适用于北纬 32°以北地区与低纬度高寒山区，如图 7-3 所示。

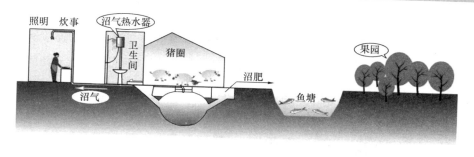

图 7-2 户用农村能源生态工程—南方模式示意图

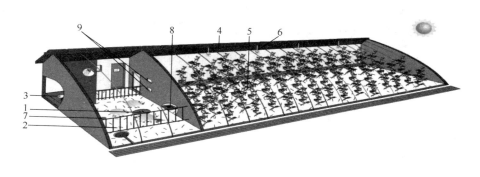

图 7-3 户用农村能源生态工程—北方模式示意图

1—沼气池；2—猪圈；3—厕所；4—日光温室；5—菜地；6—沼气灯；

7—进料口；8—出料口；9—通气孔

7.2.2 户用沼气池的设计

（1）户用沼气池基本构造及工作原理

农村户用沼气池的种类繁多，形式不一，但在结构组成上基本相同，都有进料口、进料管、发酵间、储气部分、出料管、水压间、活动盖、导气管、溢液口和安全盖板等几部分：

1）进料口是日常向沼气池内进料的关口，连续或半连续进料的沼气池日常进料都要通过进料口。农村户用沼气池的进料口要设置在畜圈内靠近厕所的地方，进料口的大小要根据日常进料的类型确定，一般情况下，以畜禽粪便为主要原料的沼气池，进料口可适当小些，以农作物秸秆为主要原料的沼气池进料口要适当大些。在沼气池建造中，对进料口总的要求是既要保证进料，又要利于搅拌管理。

2）进料管是连接进料口和发酵间的一条进料通道。与沼气池的连接有直插和斜插两种方式：直插时，管子要紧贴沼气池内壁，下口平面要下探到沼气池墙中部；如果采用斜插，要插到池墙的二分之一高度处或稍偏下些。斜插管插入角度的大小可根据进料类型及建池地方的宽裕程度确定，如果进的是秸秆类发酵原料，在地方宽裕的情况下，角度可大些，进料管子与池墙间夹角可达到 $40°\sim45°$，如果地方有限，角度可小些，进料管与池墙的夹角达到 $30°$ 也行。进料管的内径一般要达到 30cm 左右，日常进料为秸秆类原料时，内径要不小于 35cm。

3）发酵间是沼气池的主体，是贮存发酵原料和产生沼气的地方。发酵间的大小决定着沼气池可容纳发酵原料的多少，也关联着发酵原料在池中的滞留时间和产气效率的高低。农村户用沼气池的发酵间一般要占到整个池容的 85% 左右。在农村户用沼气池规划设计上，确定发酵间的大小，通常要考虑当地气温、所用原料、用气要求、建池类型等多种因素，但通常把气温条件做为主要因素，在其他条件相近的情况下，常年气温偏高的地方，发酵间可设计的小点，反之要大一点，我国南北方农村户用沼气池在池容上的差异主要就体现在这方面。

4）储气部分是指收集储存沼气的地方，农村户用沼气池储气部分多在发酵间的上部，实际上它和发酵间是一个整体，二者合在一起就是沼气池的池容。通常情况下，储气部分约占沼气池容积的 15% 左右，但随产气用气不断发生变化。

5）出料管是连接发酵间和水压间的通道。出料管的安装方式有竖装和斜装两种，竖装又有紧贴沼气池内壁和外壁两种方式。斜装出料管一般都插在沼气池池墙的中部，与池墙成 $40°\sim45°$ 的夹角。出料管内径多在 $30\sim35$cm 之间。在沼气池建设中，确定出料管与发酵间连接时，采用中层出料的连接方式，有利于满足杀灭寄生虫卵的需要，而采用底层出料的方式，利于出料等劳务操作和安全。

6）水压间具有调节沼气池压力，防止沼气泄漏，贮存沼液肥料等功能。水压间设计的大小和高度对沼气池产生压力的控制及储存气体的数量具有决定作用。通常水压间的容积要占到沼气池 24h 产气所需的一半，但在实际应用中最好能建的稍大一些。

7）活动盖也称天窗盖，设置在沼气池盖的顶部，一般呈一头大另一头小的瓶塞状。活动盖的作用归纳起来主要有 4 点：一是在沼气池维修或清池时，打开活动盖，利于排除池内的有害气体，利于通风和采光，利于操作及安全；二是在沼气池需要大换料时，打开活动盖，利于大量的沼渣或发酵原料进出；三是在遇到导气管堵塞、气压表失灵等特殊情况，致使沼气池内压力过大时，活动盖被冲开，可以使沼气池池体得到保护；四是在池内发酵原料表层出现严重结壳情况时，可打开活动盖破除结壳，并搅动料液。活动盖的厚度在 6～8cm 之间，直径在 60cm 左右。

8）导气管是把储气室内的沼气引入池外的通道，多被插在沼气池的活动盖板上。导气管多用铜质管或硬质塑料管，也有用玻璃管的。内径在 1cm 左右，长度在 12～15cm 之间。

图 7-4 为球形水压式沼气池构造简图。

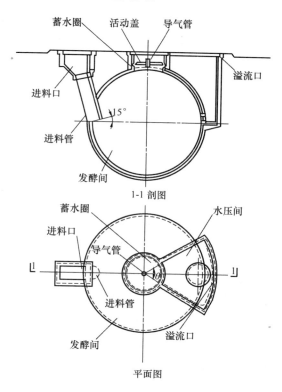

图 7-4 球形水压式沼气池构造简图

户用沼气池的工作原理简单地讲就是"气压水，水压气"，当沼气池内装入一定量的发酵原料并封池之后，在沼气池内就形成了以液面为界下为发酵料液，上为储存气体的两个部分。发酵原料在沼气微生物的作用下，不断地产生沼气，因沼气不溶于水，比重又轻，就会上升到上部的储气部分。伴随产气量的不断增加，储气部分储存的气体就会向各个方向产生压力，由于发酵间与进料管、出料管相连，进出料管连接的进料口、水压间又都与外界大气相通，当储气部分气体的压力大于外界大气的压力时，就会压迫发酵间的液面向下，被压入进出料管，使进出料管的液面上升。随着压力的不断增大，会有更多的料液被压入进料管及与出料管相连的水压间，沼气池内储气部分的空间也会随之不断增大，这个过程就称为"气压水"。当使用沼气时，因沼气池内的料液平面低于进料管和水压间的料液平面，进料管和水压间中高出发酵间内料液平面的一部分料液就会产生压力，压迫沼气通过导气管向外输送，直到沼气池内外料液面相平，这一过程称为"水压气"。"气压水"、"水压气"，沼气池内的料液平面不断变化，对发酵原料具有一定的搅拌作用，既能减轻料液在上部结壳，又能促进沼渣外排，对沼气发酵是非常有益的。

（2）沼气池的设计原则

建造"模式"中的沼气池，首先要做好设计工作。总结多年来科学实验和生产实践的经验，设计与模式配套的沼气池必须坚持下列原则：

1）必须坚持"四结合"原则 "四结合"是指沼气池与畜圈、厕所、日光温室相连，使人畜粪便不断进入沼气池内，保证正常产气、持续产气，并有利于粪便管理，改善环境卫生，沼液可方便地运送到日光温室蔬菜地里作肥料使用。

2）坚持"圆、小、浅"的原则 "圆"是指池型以圆形为主，圆形沼气池具有以下优点：第一，根据几何学原理，相同容积的沼气池，圆形比方形或长方形的表面积小，比较省料。第二，密闭性好，且较牢固。圆形池内部结构合理，池壁没有直角，容易解决密闭问题，而且四周受力均匀，池体较牢固。第三，我国北方气温较低，圆形池置于地下，有利于冬季保温和安全越冬。第四，适于推广。"小"是指主池容积不宜过大，比较合适的池容为 $6 \sim 12m^3$。"浅"是指挖土深度不宜过大，池深 2m 左右，这样既便于避开地下水，同时发酵液的表面积相对扩大，有利于产气，也便于出料。

3）坚持直管进料、进料口加算子、出料口加盖的原则：直管进料的目的是使进料流畅，也便于搅拌。进料口加算子是防止猪等禽畜物陷入沼气池进料管中。

出料口加盖是为了保持环境卫生，消灭蚊蝇孳生场所和防止人、畜掉进池内。

（3）沼气池容积的计算

建造沼气池，要进行池子容积的计算，就是说计划建多大的池子。计算容积的大小，原则上应根据用途和用量来确定。池子太小，产气就少，不能保证生产、生活的需要；池子太大，往往由于发酵原料不足或管理等原因，造成产气率不高。沼气池容积与家庭人口、畜禽饲养量的关系如下表7-1、表7-2所示。

沼气池容积与全家人口关系 表7-1

池容（m³）	6	8	10
每天可产沼气量（m³）	1.2	1.6	2.0
可满足全家人口数（个）	3	4～5	5～7

沼气池容积与畜禽饲养量关系 表7-2

项　　目	成　猪	成　鸡	成　牛
日排数量（千克）	8.0	0.1	25.0
粪便总固体（TS）（%）	18.0	30.0	17.0
6m³沼气池应饲养量（头、只）	2～3	167	2
8m³沼气池应饲养量（头、只）	3～5	222	2.3
10m³沼气池应饲养量（头、只）	7～8	278	3

目前，我国农村沼气池产气率普遍不够稳定，夏天一昼夜每立方米池容约可产气 $0.15m^3$，冬季约可产气 $0.1m^3$ 左右，一般农村 5 口人的家庭，每天煮饭、烧水约需用气 $1.5m^3$（每人每天生活所需的实际耗气量约为 $0.2m^3$，最多不超过 $0.3m^3$）。因此，农村建池，每人平均按 $1.5\sim2m^3$ 的有效容积计算较为适宜（有效容积一般指发酵间和贮气箱的总容积）。根据这个标准建池，人口多的家庭，平均有效容积少一点，人口少的家庭，平均有效容积多一点；北方地区一般气温较低，可多一点，南方地区一般气温较高，可少一点。如一个 5 口人的家庭，建造一个 $8\sim10m^3$ 的沼气池，管理得好，所产沼气基本上能满足一家人一年四季煮饭、烧水或点灯的需要，在北方即使在冬季气温较低，产气量有所减少的情况下，仍可供煮两餐饭或烧开水用。所以一般家庭养猪存栏 6～10 头，日光温室面积在 $100\sim150m^2$，建 6、8、$10m^3$ 的沼气池为宜。对于建在野外的四位一体生态型大棚模式，一般"模式"面积为 $667m^2$（1 亩）左右，这时，养猪头数可增

加，沼气池容积大一些为好，但这不是绝对的，因为若沼气池容积满足不了炊事用能及蔬菜生产用肥的需要，可由外界补充能源及肥料，从而使"模式"正常运行。

(4) 沼气池池型的选择

纵观国内外的沼气池，其种类繁多、形式不一。按贮气方式分为水压式沼气池、浮罩式沼气池和气袋式沼气池三类；按发酵池的几何形状可分为圆形池、球型池、长方形池、方形池、拱形池、椭球形池等；按建筑材料可分为砖结构池、石结构池、混凝土结构池、钢筋混凝土结构池、钢丝网结构池、钢结构池、塑料或橡胶结构池、抗碱玻璃纤维水泥结构池等；按沼气池埋设位置可分为地上式、半埋式和地下式沼气池等；按产气率高低可分为高效池和一般池等。农村户用沼气中最常叫的也是最常用的是以贮气方式来分类的水压式沼气池。

国家标准《户用沼气池标准图集》GB/T 4750—2002 共发布了五类七型沼气池，即曲流布料沼气池 A、B、C 型、预制钢筋混凝土板装配沼气池、圆筒型沼气池、椭球型沼气池、分离贮气浮罩沼气池。该标准给出了这些沼气池的选用条件、建设沼气池的地基要求、建池材料、密封层做法、主要设计参数、安全措施、质量检验等，然后将五类沼气池的每类池型都单独列一章独立讲解，重点介绍了各类各型沼气池的特点、设计原则、材料结构、施工要点及标准图等。

1) GB/T 4750—2002 标准中五类沼气池的结构特点

① 曲流布料沼气池

曲流布料沼气池是在水压式沼气池基础上发展而来的，属于高效沼气池之一。主要适用于以纯粪便为原料的连续或半连续发酵工艺。由于使用管理操作方便，因而被广大农户所采用。曲流布料沼气池为圆柱形，其流程是：原料通过带有检料板的进料口进入沼气池，长纤维状原料及砖石颗粒被滤出，然后原料通过曲流布料器（一水泥挡板，因改变了料液流向，故称为曲流布料器）均匀分布于池内。池须设置破壳装置，有利于池内产气，用气时液面波动破除结壳。池底为斜坡底，发酵后的沼渣通过坡底流向出料口。出料口加一塞流固菌板（一水泥挡板，起阻塞作用），阻止了原料"短路"排出，同时又起到固定及截留菌种的作用。图 7-5 为现场正在施工的曲流布料沼气池。

曲流布料沼气池又细分为 A、B、C 三个类型。A 型池池底由进料口向出料口倾斜，池底部最低点设在出料间（水压间）底部，在倾斜池底作用下，形成一定的流动推力，实现主发酵池进出料自流，可以不打开天窗盖把全部料液由出料间取出。B 型池在 A 型基础上增设中心进出料管和塞流固菌板。中心管有利于从主池中心部位抽出或加入原料，同时对池中心料液有搅拌作用，塞流固菌板有利于控制发

图 7-5　施工中的曲流布料沼气池

酵原料在底部的流速和滞留期，同时有固菌作用。C 型池在 B 型基础上增设布料板、中心破壳输气吊笼、原料预处理池和强回流装置。这些装置有效地增加新料扩散面，充分发挥池容负载能力，提高产气率和延长连续运转周期（同时对料液质量、浓度要求较严格）。

曲流布料沼气池的池型有如下特点：

a. 在进料口咽喉部位设滤料盘；

b. 原料进入池内由布料器进行半控或全控式布料，形成多路曲流，增加新料扩散面，充分发挥池容负载能力，提高了池容产气率；

c. 池底由进料口向出料口倾斜；

d. 扩大池墙出口，并在内部设隔板，塞流固菌；

e. 池拱中央、天窗盖下部吊笼，输送沼气入气箱。同时，利用内部气压、气流产生搅拌作用，缓解上部料液结壳；

f. 把池底最低点放在水压间底部。在倾斜池底作用下，发酵液可形成一定的流动推力，实现进出料自流，可以不打开天窗盖把全部料液由水压间取出。

曲流布料沼气池适用于经济条件好，原料丰富（日进料量 100kg），耗能大的养殖业发达地区，要求家庭成员有一定的文化技术知识，特别适用于能够进行科学管理的养殖专业户、科技户或要求建设高档沼气池的农户。

② 预制钢筋混凝土板装配沼气池

预制钢筋混凝土板装配沼气池是在现浇混凝土沼气池和砖砌沼气池基础上研制和发展起来的一种新的建池技术。它与现浇混凝土沼气池相比较，有容易实现

工厂化、规范化、商品化生产和降低成本、缩短工期、加快建设速度等优点，主要特点是把池墙、池拱、进出料管、水压间墙、各口及盖板等都先做成钢筋混凝土预制件，运到建池现场，在池坑内进行组装。如图7-6所示。

③ 圆筒形沼气池

圆筒形沼气池在我国应用历史

图 7-6   预制钢筋混凝土板装配沼气池

较早，结构简单、施工容易；适应粪便、秸秆混合原料满装工艺。圆筒形沼气池如图7-7所示，其具有如下优点：

a. 结构受力性能良好，受力各阶段在池内外轴对称荷载作用下，池体各部位大部分处于受压状态，池墙下部虽有少部分受拉区，但拉力并不大，可采用砖、石、混凝土等，其抗压强度远大于抗拉强度的脆性圬工材料，使结构厚度大大减薄，沼气池的土建造价相应降低；

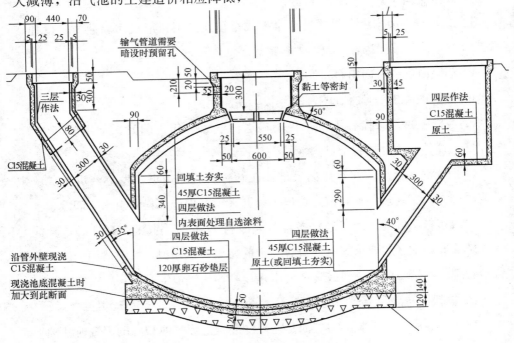

图 7-7   圆筒形沼气池剖面图

b. 同容积的沼气池，在相同受力条件下，圆形池的表面积比较小，仅次于球形池；

c. 池"死角"少，有利于甲烷菌的活动，且容易解决密闭问题。

④ 椭球形沼气池

椭球形沼气池如图 7-8、图 7-9 所示，其具有埋置深度浅、发酵面积大、施工管理方便、产气率高、节约建池材料等优点，在江西省应用较多。

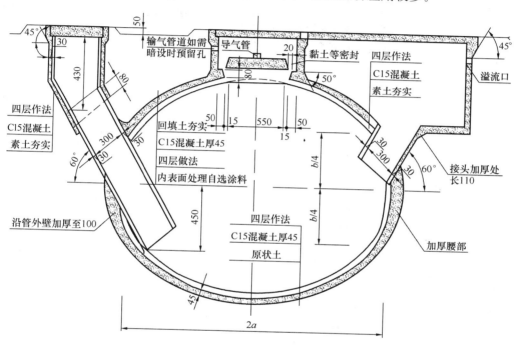

图 7-8　椭球形沼气池剖面图

⑤ 分离贮气浮罩沼气池

分离贮气浮罩沼气池如图 7-10、图 7-11 所示，其已不属于水压式沼气池范畴，发酵池与气箱分离，没有水压间，采用浮罩与配套水封池贮气，有利于扩大发酵间装料容积，最大投料量为沼气池容积的 90%。浮罩贮气相对水压式沼气池其气压在使用过程中是稳定的，但相对于曲流布料沼气池 A 型、B 型等水压式沼气池，它的造价要高一些，因为它建了主发酵池、贮粪池、抽料器之后，还要建一套贮气浮罩和水封池。这个池型在湖南省应用较多。

2）沼气池选用时应综合考虑以下因素

图 7-9 椭球形沼气池水压间

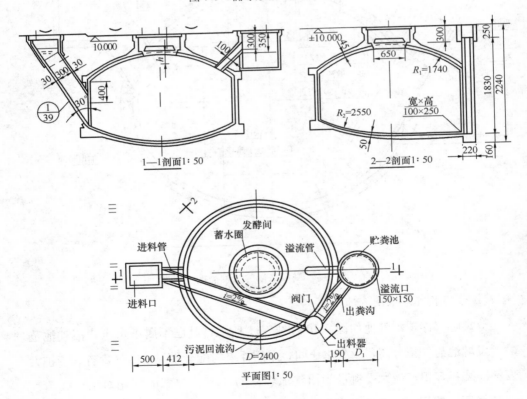

图 7-10 分离贮气浮罩沼气池平、剖面图

在根据《户用沼气池标准图集》GB/T 4750—2002 进行沼气池选用时应综合考虑以下因素:

图 7-11 分离贮气浮罩沼气池

① 家庭人口情况：家庭常住人口多，用气多，池容积相应要选大一些；

② 用气要求：主要用于炊事、点灯还是沼气贮粮、保温、保鲜等；

③ 发酵原料：建池户拥有的发酵原料主要是人、畜粪便或是禽粪，是否要加入秸秆、杂草等都要调查清楚，以便确定池型结构。若用户的人、畜、禽粪便都不够，要利用一部分秸秆、杂草作原料，这类情况最好选用曲流布料沼气池 A 型，因为 A 型池进、出料自流功能强，不易堵塞；

④ 产气率与温度、浓度、原料的关系较大，按当地平均值考虑就可以了；

⑤ 地形、地质、地下水、建池材料等，规划、施工人员要根据这些因素确定施工工序和要采取的措施。如：地下水位高的地点，要考虑到副池排水，有流沙的地点，要考虑地基处理等问题；

⑥ 施工技术：主要指技术员水平和施工设备，即：技术员是初级还是中、高级；施工设备，模具、工具、振动器、运输、人工搅拌还是机械搅拌等。

3）关于《户用沼气池标准图集》GB/T 4750—2002 的相关说明

① 本标准引用了《户用沼气池质量检查验收规范》GB/T 4751—2002 和《户用沼气池施工操作规程》GB/T 4752—2002 的条款作为本标准条款，即与这两个标准配套使用。

②《户用沼气池标准图集》GB/T 4750—2002 的各类池型图，是按池容 6m³，产气率 0.20m³/m³·d 的几何尺寸为比例绘制。其他 4m³、8m³、10m³ 容积沼气池不同部位尺寸采用表格形式列出。如标准图集第 6 页图 1：6m³ 曲流布料沼气池池型图（A 型）右下方有一个表"不同容积各部位尺寸表"。所以，如果建的沼气池是 6m³，就可以完全按图中尺寸放线施工，如果是 8m³ 或 10m³ 就需查表中尺寸放线施工。

③ 在查阅图集中应注意材料图例、图注符号、常用量名称采用下述表示方法。

a. 材料图例　如标准图集第 2~3 页表 1 材料图表。该图表列出了从自然土到水的建沼气池常用的材料图例，就是让大家看沼气池构造图、施工图时，能识别各部位的用材。如第 50 页附录图 B 砖砌圆筒形沼气池构造详图中，就有砖、混凝土等建材。

b. 图注符号　如标准图集第 3 页表 2 图注符号。这是查图、看图的标注。如：表格正数第 2 格，图注符号是一个圆圈中间一横分为上半圆、下半圆，上半圆的数字为详图（放大图）编号，下半圆数字为详图所在的页数。看图时先找到页数，再找详图号，就能查到其在总图中所示部位的详细结构了。圆中没有划一横的，表示该详图就在本张图中。其他符号，表格说明中都写得清楚。

c. 常用量名称　如标准图集第 4 页表 3 常用量名称。这是一些长度、高度、半径、直径、角度的代表符号，如：第一格符号 R 表示半径，R＝10 表明这个圆或圆弧的半径为 10mm。

7.2.3　户用沼气池的施工

户用沼气池的施工一般有预制件施工和混凝土现浇施工两种。预制件施工具有节约成本、主池体各部位厚薄均匀，受力好、抗压抗拉性能好，可分段施工，缩短地下建池时间，利于地下水位高的地区建池等优点。混凝土现浇施工时技术要求较高，若挖坑和校模不准，易造成池墙厚薄不一，而且会增大建池成本；此外，现浇施工需要一气呵成，不能间歇，常发生施工不规范、质量难以保证的现象。实践证明，在地下水位较高的地区使用该法施工要比预制件施工难得多。

混凝土现浇施工程序一般分为：选址放样——池坑开挖——浇注池底（下半

球）——砌筑池墙——浇注池顶（上半球）——砌筑进出料口——内外密封粉刷——试水试压——进料封盖，如图 7-12 所示。

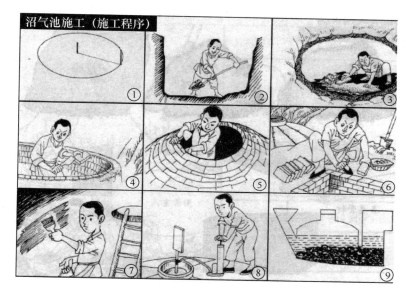

图 7-12 户用沼气池施工顺序示意图

农村户用沼气池施工，执行《户用沼气池施工操作规程》GB/T 4752—2002。该标准规定了沼气池的建池选址、建池材料质量要求、土方工程、施工工艺、沼气池密封层施工等技术要求和总体验收。适用于按 GB/T 4750—2002 设计的各类沼气池的施工。

《户用沼气池施工操作规程》GB/T 4752—2002 由 15 章组成：1）范围；2）规范性引用文件；3）施工准备；4）建池材料要求；5）土方工程；6）现浇混凝土沼气池的施工；7）池底施工；8）进出料管施工；9）砌筑沼气池和预制钢筋混凝土板装配沼气池的施工；10）拆模；11）回填土；12）密封层施工；13）涂料密封层施工；14）储气浮罩的施工；15）质量总体检查验收等内容。其中质量总体检查验收规定按《户用沼气池质量检查验收规范》GB/T 4751—2002 进行检查验收。凡符合要求，可交付用户投料使用。

在使用该标准过程中需注意以下几个问题：

（1）施工准备

详见标准第 2 页和第 3 页的表 1～表 5。文本要求讲得都比较清楚。这里强调3点：1）池形选择要根据 GB/T4750 的技术要求。施工技术人员对所选池型要认真看懂池型图、结构图和有关技术要求。2）所选池型要能够适应用户所能提供的发酵原料和能够实施的发酵工艺。3）特殊用户，池容积需超出"图集"所列范围的，可以通过计算确定。

（2）建池材料

标准文本讲得比较清楚，这里主要对建池的外加剂给以说明。

混凝土的外加剂也称外掺剂或附加剂，它是指除组成混凝土的各种原材料之外，另外加入的材料。目前，在混凝土中使用的外加剂有减水剂、早强剂、防水剂、密实剂等。

1）减水剂　减水剂是一种有机化合物外加剂，又称水泥分散剂，过去也叫塑化剂。它能明显减少混凝土拌和水，这对降低混凝土水灰比、提高强度和耐久性有很大好处。在混凝土中使用减水剂后，一般可以取得以下效果：

①　在水泥用量不变、坍落度基本一致的情况下，可以减少拌和水 $10\%\sim15\%$，提高混凝土强度 $15\%\sim20\%$。

②　在保持用水量不变的情况下，坍落度可以增大 $100\sim200mm$。

③　在保持混凝土强度不变的情况下，一般可节约水泥 $10\%\sim15\%$。

④　混凝土抗渗能力大大改善，透水性降低 $40\%\sim80\%$。

常用的减水剂为木质素磺酸钙，也称木钙粉，其减少率为 $10\%\sim15\%$。单独使用时适宜掺入量为水泥用量的 0.25% 左右。这种减水剂价格低廉，还可以和早强剂、加气剂等复合使用，效果很好。

2）早强剂　早强剂是用以加速混凝土硬化过程，提高混凝土早期强度的外加剂。常用的早强剂有减水早强复合剂、氯化钙、氯化钠、盐酸、漂白粉等。在素混凝土和砂浆中常用的早强剂是氯化钙和氯化钠。氯化钙的掺用量一般为水泥用量的 $1\%\sim2\%$。掺量过多，混凝土早、后期强度和抗蚀性都有所降低。在 $0℃$ 下掺入氯化钙，必须同氯化钠同时使用。氯化钠的掺入量一般为水泥用量的 $2\%\sim3\%$。使用时，氯化钙和氯化钠都须先配成溶液，然后同水混合后倒入混凝土拌合料中。

3）防水剂　常用的防水剂为三氯化铁，其掺入量为水泥重量的 1%，可以增加混凝土的密实性，提高抗渗性，对水泥具有一定的促凝作用，且可提高强度。

4）密实剂　常用的密实剂为三乙醇胺，它是一种有机化学品，吸水、无臭、不燃烧、不腐化、呈碱性，能吸收空气中的二氧化碳，对钠、镁、镍不腐蚀，对铜、铝及合金腐蚀较快。单独使用三乙醇胺效果不明显，加食盐、亚硝酸钠后效果显著。三乙醇胺的掺入量为水泥用量的 0.05%，掺入后，可在混凝土内形成胶状悬浮颗粒，以堵塞混凝土内毛细管通路，提高密实性。

（3）土方工程

挖坑时，应严格按图纸挖坑；如遇底部有空洞、石块或有部分塌方，应及时处理。底部应力求平整，不得有石块等硬物，并放一层细松土，浇一些水。

7.2.4　户用沼气池的质量检查验收

农村户用沼气池验收，执行《户用沼气池质量检查验收规范》GB/T 4751—2002，本标准适用于按 GB/T 4750—2002 设计和 GB/T 4752—2002 进行建池施工沼气池的质量检查验收。

本标准规定了户用沼气池选用现浇混凝土、砖砌体、钢筋混凝土预制板等材料建池以及密封层施工的质量检查验收的内容、方法及要求。标准共由 11 章组成：1）范围；2）规范性引用文件；3）建池材料；4）土方工程；5）模板工程；6）混凝土工程；7）砖砌体与预制板工程；8）水泥密封检验；9）涂料密封层检验；10）沼气池整体施工质量和密封性能验收及检验方法；11）沼气池整体工程竣工验收等内容。

在使用该标准过程中需注意以下几个问题。

（1）建池材料

标准 3.1 水泥检验验收应符合 GB 175、GB 1344 的规定。

（2）土方工程

1）沼气池池坑地基承载力设计值≥50kPa 这是标准图集规定的。

2）回填土应分层夯实。

3）池坑开挖标高、内径、池壁垂直度和表面平整度允许偏差值见表 1（第 2 页）。

这一条就是检验沼气池坑开挖圆心度、垂直度、水平度、光滑度是否符合要求。

（3）模板工程

标准 5.1 钢模、木模、砖模和支撑件应有足够的强度、刚度和稳定性，并拆装方便。

（4）混凝土工程

文本叙术清楚，通俗易懂。

（5）砖砌体与预制板工程

标准 7.1 砖砌体工程、7.2 混凝土预制板工程。文本叙述清楚，通俗易懂。

（6）水泥密封检验

（7）涂料密封层检验

（6）、（7）这两项工程质量检验都很直观，文本叙述清楚，通俗易懂。

（8）沼气池整体施工质量和密封性能验收及检验方法

本部分主要掌握密封性能验收的水压法和气压法。

1）水压法

向池内注水，水面升至零压线位时停止加水，待池体湿透后标记水位线，观察 12h。当水位无明显变化时，表明发酵间及进出料管水位线以下不漏水之后方可进行试压。试压时先安装好活动盖，并做好密封处理；接上 U 形水柱气压表后继续向池内加水，待 U 形水柱气压表数值升至最大设计工作气压时停止加水，记录 U 形水柱气压表数值，稳压观察 24h。若气压表下降数值小于设计工作气压的 3％时，可确认为该沼气池的抗渗性能符合要求。

水压法是目前户用沼气池常用的密封性能检验方法。第一步试水，第二步试气。

2）气压法

这个方法，目前很少用。分离贮气浮罩沼气池的浮罩密封性能要用气压法检验。

浮罩试压：先把浮罩安装好后，在导气管处装上 U 形水柱气压表，再向浮罩内加气，同时在浮罩外表面刷肥皂水仔细观察浮罩表面是否有漏气。当浮罩上升到设计最大高度时，停止打气，稳定观察 24h。U 形水柱气压表的水柱下降数值小于设计工作气压的 3％时，可确认该浮罩的抗渗性能符合要求。

无论是水压式或是浮罩式沼气池都必须认真进行密封性能检验，这是关系到沼气池的质量和投入使用后的产气效益问题。

（9）沼气池整体工程竣工验收

1）沼气池交付使用前应符合 GB/T 4750—2002 的设计要求和 GB/T 4752—2002 的施工要求。2）沼气池工程验收时，应填写（提供）沼气池验收登记表。

本标准规定，沼气池工程验收时，都要按登记表内容认真填写。表中的建池户意见和验收单位意见是为保证建池质量，其他内容是沼气池运行中有问题时，查找原因的根据。

7.3 户用沼气管路设施及相关标准

农村户用沼气管路设施由导气管、输气管、管道连接件、开关、压力表、脱硫器、集水器等组成，其作用是将沼气池内产生的沼气畅通、安全、经济、合理地输送到每一个用具处，保证压力充足，火力旺盛，满足不同的使用要求。图7-13 为农村家用沼气管路安装示意图。

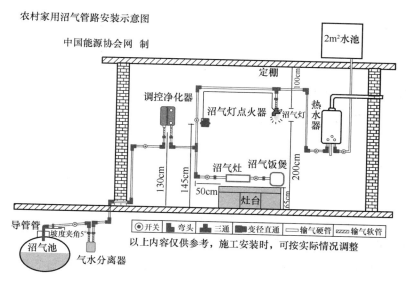

图 7-13　农村家用沼气管路安装示意图

（1）输气管道

输气管道的材质要求气密性好、耐老化、耐腐蚀、光滑、价格低。一般采用

PVC硬塑管或铝塑复合管。管径的大小应根据气压、距离、耗气量等情况而定。农村户用沼气池输配系统室外一般选用14mm的PVC硬塑管，室内一般选用12mm的PVC硬塑管或铝塑复合管。

（2）管道配件

管道配件包括导气管、三通、四通、弯头、开关等。

1）导气管　指安装在沼气池顶部或活动盖上的那根出气短管。要求耐腐蚀，具有一定的机械强度，内径要足够，一般不小于12mm。常用的为镀锌钢管、ABS工厂塑料管、PVC管等。

2）管件　包括三通、四通、异径接头，一般为硬塑制品。接头采用承插式胶粘连接，内径与管径相同。接头间不能漏气，内径畅通无毛刺，并具有一定的机械强度。

3）开关　是控制和启、闭沼气的关键部件。要求气密性好通道孔径必须足够，应不小于6mm，转动灵活，光洁度好，安装方便。两端接头要能适应多种管径的连接。

《农村家用沼气管路设计规范》GB/T 7636—1987规定了农村户用沼气池输配气管路系统设计等内容，适用于农村户用沼气池输配气系统。《农村家用沼气管路施工安装操作规程》GB/T 7637—1987规定了农村户用沼气池输配气系统安装、质量验收和维护要求。主要包括管材、管件的技术要求，管路系统安装、质量验收及维修等内容，适用于农村户用沼气池输配气系统。

值得说明的是，GB/T 7636—1987、GB/T 7637—1987两部标准都是20世纪80年代制定的，随着农村沼气建设的发展，市场和农户的需求发生了变化，一些技术要求已不适应现实需要，需要进行修订，以符合目前农村家用沼气管路设计、施工安装的变化和配套产品技术进步以及标准化要求。

《农村户用沼气输气系统第1部分：塑料管材》NY/T 1496.1—2007、《农村户用沼气输气系统第2部分：塑料管件》NY/T 1496.2—2007、《农村户用沼气输气系统第3部分：塑料开关》NY/T 1496.3—2007规定了输气系统中聚乙烯（PE）、聚氯乙烯（PVC）管材和聚氯乙烯树脂软管的要求、试验方法、检验规则、包装、标志、运输和贮存等；PE、PVC塑料管材、管件、塑料开关的技术要求。

（3）压力表

压力表是观察产气量、用气量及测量池压的简单仪表，也是检查沼气池和输气系统是否漏气的简单工具。常用的有低压盒式压力表和"U"形压力表。低压盒式压力表采用防酸碱、防腐蚀材料加工而成，检测范围0～10kPa。具有体积小、重量轻、耐腐蚀、压力指示准确、直观、运输携带安全方便等特点，常用于沼气灶等低压燃气炉具的压力检测和沼气池密封检测等。

《沼气压力表》NY/T 858—2014规定了沼气压力表的技术要求、试验方法、检验规则和标志、包装与贮存。本标准适用于金属膜盒沼气压力表及橡胶膜盒沼气压力表（以下简称仪表）。标准技术要求：仪表的准确度等级为4级；正常工作温度为－25℃～55℃；仪表量程范围为0～10kPa或0～16kPa；具有耐腐性。

（4）集水器

沼气中含有一定的饱和水蒸气，池温越高，水蒸气越多。这些水蒸气在输气管道中遇冷后变成水，积聚在管道中，堵塞输气管道，使沼气输气受堵。用气时，水柱压力表经常发生波动，沼气用具燃烧不稳定，火焰忽大忽小，忽明忽暗。在寒冷时还会因为结冰而不畅，影响用气。集水器又称汽水分离器，是用来清除输气管道内积水的装置。

（5）脱硫器

沼气中含有硫化氢，对沼气用具具有腐蚀性，应采取脱硫装置除去硫化氢的危害。

户用沼气池脱硫一般采用干式脱硫和湿式脱硫两种方法。干式脱硫属氧化铁脱硫法，当含有硫化氢的沼气通过脱硫剂时，沼气中的硫化氢与活性氧化铁接触，生成硫化铁和亚硫化铁，脱去沼气中的硫化氢。湿式脱硫法属化学吸收脱硫法，当含有硫化氢的沼气通过脱硫液时，沼气中的硫化氢与脱硫液发生化学反应，生成硫化物，从而脱去沼气中的硫化氢。脱硫剂中的硫容量一般30%，超过容量的脱硫剂就达到了饱和状态，这时，固态脱硫剂需要倒出，在空气中自行氧化，最好阴干，待黑色变成橙、黄、褐色即可，然后再装入脱硫瓶中。在安装时，要保证不漏气。液体脱硫剂达到饱和后，也要与空气中的氧进行还原反应，然后再装入脱硫瓶中，同时可补充新的脱硫剂。

《户用沼气脱硫器》NY/T 859—2014 规定了以脱硫剂为氧化铁的户用沼气脱硫器的技术要求、试验方法、检验和标志、包装运输，标准适用于农村户用沼气池和压力小于 10kPa 的数个户用沼气池组的沼气脱硫。该标准的技术规定如下：1）脱硫剂易更换，不能漏气，不存在短路；2）容量必须大于 2L，要耐腐；3）脱硫剂重量必须大于 1.6kg，累计硫容应大于 30％；4）4 个月后首次再生，再生不能超过 3 次。不宜在脱硫器内再生。

图 7-14 为某农户厨房内安装的户用沼气管路设施。

图 7-14 某农户户用沼气管路设施

7.4 沼气设备及其配件标准

目前，使用较普遍的沼气设备主要是沼气灶、沼气灯、沼气热水器、沼气饭锅等，生产这些设备的厂家也比较多，基本上在市场上都能购买得到。

7.4.1 家用沼气灶

（1）家用沼气灶的组成

我国目前常用的沼气灶具种类有：不锈钢脉冲及压电点火双眼灶和单眼灶，该灶由燃烧系统、供气系统、辅助系统和点火系统四部分组成。在这四个组成部分中，燃烧器是最重要的部件，一般采用大气式燃烧器。燃烧器的头部一般为圆形火盖式。火孔形式有圆形、梯形、方形、缝隙形等。供气系统包括沼气阀和输气管,沼气阀主要用于控制沼气通路的开与关,应经久耐用,密封性能可靠。辅助系统是指灶具的整体框架、灶面、锅支架等。简易锅支架一般采用3个支爪,可以120°角上下翻动。较高级的双眼灶上配有整体支架,一面放平锅,一面放尖底锅。点火系统多配在高档灶具上,常用的点火器有压电陶瓷火花点火器和电脉冲点火器。

(2)家用沼气灶的结构原理

家用沼气灶一般由喷嘴、调风板、引射器和燃烧器四部分组成。

1)喷嘴 喷嘴是控制沼气流量(即负荷),并将沼气的压能转换为动能的关键部件。一般采用金属材料制成。它的形式和尺寸大小,直接影响沼气燃烧效果,也关系到吸入一次空气量的多少。喷嘴直径与燃烧炉具的热负荷、压力等因素有关,家用沼气灶的喷嘴孔径,一般控制在2.5mm左右。喷嘴管的内径应大于喷孔直径的3倍,这样才能使沼气在通过喷嘴时有较快的流速,内壁要光滑均匀,孔口要正,不能偏斜。

2)调风板 调风板一般安装在喷嘴和引射器的喇叭口的位置上,用来调节一次空气量的大小。当沼气的热值或者灶前压力较高时,要尽量把调风板开大,使沼气能够完全稳定的燃烧。

3)引射器 引射器一般由吸入口、直管、扩散管三部分组成。三者尺寸比例,以直管的内径为基准值,直管内径又根据喷嘴的大小及沼气、空气的混合比来确定。前段吸入口的作用是减少空气进入时的阻力,通常做成喇叭形;中间直管的作用是使沼气和空气混合均匀;扩散管的作用是对直管造成一定的抽力以便吸入燃烧时需要的空气量。它的长度一般是直管内径3倍左右,扩散角度为8°左右。在初次使用灶具之前,应认真检查一下灶具引射器,如果里面有铁砂和其他东西堵塞,应及时清除。

4)燃烧器 燃烧器是沼气灶的主要部分,它由气体混合室、喷火孔、火盖、炉盘四部分组成,其作用是将混合气体通过喷火孔均匀地送入炉膛燃烧。

(3)沼气灶具的工作原理

沼气由导气管送至喷嘴,具有一定压力的沼气从喷嘴喷出时,借助自身的能量,通过引射器吸入需要的空气。在前进中,沼气与空气充分混合,然后由头部

图 7-15　家用双眼沼气灶

小孔逸出，进行燃烧，一次空气进风量的多少，由调风板控制。图 7-15 为某农户家中正在燃烧的双眼沼气灶。

《家用沼气灶》GB/T 3606—2001 规定了家用沼气灶具的技术要求、试验方法和检验规则等内容。本标准适用于单个燃烧器标准额定热流量不小于 2.33kW（2000kCal/h）的家用沼气灶。标准规定沼气灶的基本设计参数：灶具前的沼气额定压力规定为 800Pa 或 1600Pa；两眼的灶具应有一个主火，其额定热流量不小于 2.79kW（2400kCal/h）；灶具热效率大于 55%。

7.4.2　家用沼气灯

沼气灯是把沼气化学能转化为光能的一种燃烧装置。它和沼气灶具一样，是广大农村沼气用户的重要沼气用具，如图 7-16 所示。除照明外，可用于为大棚蔬菜提供光照、热能和二氧化碳，有助于增产。沼气灯耗气量少，相当于炊事用气量的 1/6～1/5，每天做饭后剩余的少量沼气都可用来点灯，方便、灵活。

（1）沼气灯的结构

沼气灯也是一种大气式燃烧

图 7-16　沼气灯

器，分吊式和坐式两种。由喷嘴、引射器、泥头、纱罩、反光罩、玻璃罩等部件组成，图 7-17 为一吊式沼气灯结构示意图。

1）喷嘴和引射器　它的作用与炊事燃具的原理、作用相同。为简化结构，引射器做成直圆柱管，与喷嘴用螺纹直接连接，喷嘴在引射器内可转动自如。在离喷嘴不远的引射器上对开两个直径为 7～9mm 的圆孔，作为一次空气进风门。一次空气进量的多少，可通过调节喷嘴至一次空气口的距离来校正。喷嘴的孔径很小，一般为 1mm 左右，很容易堵塞和锈蚀，沼气进入前，最好用细铜丝或不锈钢丝过滤，滤出杂质。

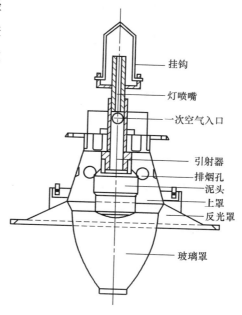

2) 泥头　泥头是用耐火材料做成的，端部开有很多小孔，起均匀分布气流和缓冲压力的作用，上面安装着纱罩。泥头与引射器（铁芯）采用螺纹连接，以便损坏时更换，在更换时，不能太紧，以免在使用时泥脚因铁芯受热膨胀而胀裂。

图 7-17　沼气灯结构

3) 纱罩　它是用苎麻、植物纤维、人造丝，按 3∶5∶15 的比例配线织网，然后用 98.5%～99% 的氧化钍和 1%～1.5% 氧化铈溶液浸渍而成的发光元件。

4) 聚光罩　又称反光罩、灯盘，用来安装玻璃罩，并起到反光和聚光作用，一般用白搪瓷或铝板制作，上面的小孔起散热或排除废气之用。

5) 玻璃灯罩　用耐高温玻璃制成，用来防风或保护纱罩，防止飞蛾撞击。

（2）沼气灯的工作原理

沼气由输气管送至喷嘴，在一定压力下，沼气由喷嘴喷入引射器，借助喷射时的能量，吸入所需的一次空气（从进气孔进入），沼气和空气充分混合后，从泥头喷火孔喷出燃烧，在燃烧过程中得到二次空气补充，由于纱罩在高温下收缩成白色珠状——二氧化钍在高温下发出白光，供照明之用。一盏沼气灯的照明度相当于 40～60W 的白炽电灯。

《户用沼气灯》NY/T 344—2014 规定了家用沼气灯的分类与命名、技术要求、试驻方法、检验规则、标志和包装。本标准适用于额定压力 2400Pa（240mm 水柱）以下，热负荷不超过 525W（450kCal/h）照明用沼气灯。该标准的技术要求：0.5倍额定压力下不能有回火，1.5倍额定压力下不能有明火；照度分别在2400Pa、1600Pa和800Pa下不低于60lx、45lx和35lx；在1.5倍额定压力下，燃烧噪音不超过55dB；喷嘴接管处的表面温度不应超过室温加50℃。

7.4.3　沼气热水器

沼气热水器与其他燃气热水器的结构基本相同。区别在于燃烧器部分适用于沼气的特点，热水器一般由水供应系统、沼气供应系统、热交换系统、烟气排除系统和安全控制系统五部分组成。当前多采用后制式热水器，运行中可以通过安装在冷水进水处的冷水阀或安装在热水口处的热水阀进行控制。

热泵技术与相关标准 8

"泵"是人们熟悉的一种可以提高位能的机械设备，正如水泵是将低位的水抽到高位一样。热泵是一种能从空气、水、土壤中获取低品位热能，经电力做功后可为建筑提供高品位热能的装置，它既可以满足夏季供冷的需求，也可以满足冬季供热的需求。随着中国农村经济的发展，特别是城镇化建设速度的加快，广大农民对改善生活环境提高生活质量的要求日益迫切，热泵作为能效比较高的节能产品，进入村镇农户家庭将是指日可待的事情。

8.1 概　　述

8.1.1 热泵的工作原理

热泵工作的热力学原理与制冷机相同。按照国际制冷词典的定义，热泵就是以冷凝器放出的热量来供热的制冷系统。一套热泵（或制冷）系统与环境之间的能量交换就是消耗一定的高位能，从低温环境吸取热量，然后连同高位能所转化的热量，一起输送到高温环境中。如果着眼点在于获得热量，那就是热泵；如果要求带走某个空间或物体的热量，从而使该空间或物体维持较低的温度，那就是制冷装置。同时利用这一套装置的冷凝器放热来获取热量和蒸发器吸热来维持低温，则它既可称为热泵又可称为制冷机。

建筑中使用的热泵装置一般都要求在夏季作为制冷机供冷，在冬季作为热泵供热。这就要求系统夏季工况的蒸发器在冬季工况作为冷凝器，夏季工况的冷凝器在冬季工况作为蒸发器，而这两个换热器的安装位置本身不能改变，只能是通过改变系统内制冷剂的流向来实现，能够实现制冷剂流向改变的最重要的部件是四通换向阀。图 8-1 为热泵型窗式空调器结构及工作原理图。制冷剂管路上，实线箭头表示制冷工况流程，虚线箭头表示供热工况流程。在制冷工况，室内换热器是系统的蒸发器，制冷剂吸收房间空气的热量蒸发后，经过换向阀，被压缩机吸入并被压缩成高温高压的制冷剂蒸气，经过换向阀进入室外换热器，被室外空气冷凝成液体，经毛细管节流，变成低温低压的液体进入室内换热器，完成一个循环。在供热工况，制冷剂蒸气在换向阀中通过虚线位置，这时室内换热器作为系统的冷凝器，室外换热器作为系统的蒸发器。

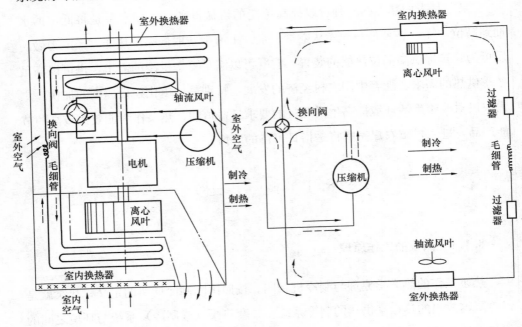

图 8-1　热泵型窗式空调器结构及工作原理图

8.1.2 热泵的分类

热泵的种类很多，分类方法各不相同。

1. 按热泵所使用的低温热源种类分类

（1）空气源热泵——以室外大气作为低温热源；

（2）地源热泵系统——以岩土体、地下水或地表水为低温热源；

（3）太阳能热泵系统——利用集热器进行太阳能低温集热，通过热泵将热量传递到供暖热媒中去。

2. 按热泵驱动方式分类

（1）机械压缩式热泵——用机械能驱动的热泵；

（2）吸收式热泵——用热能直接驱动的热泵。

3. 按热泵系统低温端与高温端使用的载热介质分类

（1）空气-空气热泵；

（2）空气-水热泵；

（3）水-水热泵；

（4）水-空气热泵；

（5）土壤-空气热泵；

（6）土壤-水热泵。

4. 按热泵在建筑物中的用途分类

（1）仅用作供热的热泵；

（2）冬季供热、夏季供冷的热泵；

（3）同时供热与供冷的热泵；

（4）热回收热泵。

8.1.3　热泵系统的经济性评价

关于热泵节能的经济性评价问题影响因素很多，其中主要有地区气候特性、低位热源特性、负荷特性、系统特性、设备价格、使用寿命、燃料价格和电力价格等。但是概括起来只有两个方面，即：节能效果与经济效益。

1. 热泵的制热性能系数

热泵用消耗一定的高品位能量来提高低位热源的热量品位，这种投入与产出之间的关系即热泵的能量效率，可以用热泵的制热性能系数来衡量。对于消耗机械功的蒸气压缩式热泵，制热系数 ε_h 定义为：

$$\varepsilon_h = Q_c/W = (Q_e + W)/W = \varepsilon + 1 \tag{8-1}$$

式中　Q_c——热泵制热量，W；

　　　W——输入功率，W；

　　　Q_e——热泵从低位热源吸取的热量，即制冷量，W；

　　　ε——制冷系数。制热系数 ε_h 恒大于 1。

对于消耗热能的吸收式热泵，用热力系数 ζ 来表示，ζ 等于制热量与输入的热能量的比值。

2. 热泵的制热季节性能系数

热泵系统的制热系数除了受热泵本身的设计制造技术水平影响外，还要受运行工况的影响。而热泵的运行工况是不断变化的，空气源热泵更为突出。当室内所需要的供热温度一定时，空气源热泵的制热系数主要受室外气温和系统的负荷水平影响。为评价空气源热泵在某一地区整个供热季节运行时的热力经济性，提出了制热季节性能系数（HSPF）的概念。

HSPF＝供热期热泵系统总的制热量/供热期热泵系统总的输入能量

如果系统采用了辅助加热，则供热期热泵系统总的制热量包括辅助加热量，输入能量包括为提供辅助加热所输入的能量。

3. 热泵的能源利用系数

热泵的驱动能源通常为电能、液体燃料、气体燃料等。这些能源的价值不一样，电能通常是由其他初级能源转换而来的，在转换过程中必然存在着损失。因此，对于同样制热性能系数的热泵，若采用的驱动能源不同，则其节能意义和经济性都不同。为此提出热泵的能源利用系数 E 来评价热泵的节能效果。

E＝热泵的制热量/消耗的初级能量

4. 热泵的经济效益评价

一般来说热泵是节能的，但同时增加了设备投资费用。因此，必须寻求热泵经济效益评价方法，综合评价各种因素，以判断热泵在建筑中的应用是否"省钱"，帮助人们在不同的方案比较中做出正确的选择。通常用投资回收年限法。投资回收期（β）可用简单公式定义为：

$$\beta = \frac{I}{A \times Q_E} \tag{8-2}$$

式中　β——投资回收期，年；

I——热泵系统所需的投资，元；

A——燃料价格，元/J；

Q_E——热泵系统与传统的系统相比，年节约能量，J/年。

一般回收年限应在 3～5 年之内。

8.2 空气源热泵及应用

空气源热泵技术是冬季从室外空气中提取热量，提升温度后为建筑物解决供暖的热量，夏季从室外空气中提取冷量，降低温度后为建筑物提供空调所需冷量。空气源热泵的容量范围很大，小到可满足 $10m^2$ 左右房间的冷热量需求，大到可满足上千 m^2 公共建筑的冷热量需求。本文主要介绍小型家用空气源热泵。

8.2.1 家用空调器的主要性能指标

1. 分类及表达方式

（1）分类

家用空调器按功能分为：单冷型、单冷除湿型、冷暖型、冷暖除湿型。其中冷暖型包括：热泵型、电热型、热泵辅助电热型。

由于热泵空调器的制热量一般与夏季的制冷量相差不大，在冬季温度比较低的地区，热泵空调器的制热量往往不能满足要求，此时，在热泵空调器上增加一个辅助电加热器，增加供热量。

（2）表达方式

按国标《房间空气调节器》GB/T 7725—2004 规定，国产家用空调器的型号表示方法为：K、结构形式、功能代号、机组的名义制冷量、分体式室内机组代号、室外机组代号 W。

K 表示房间空调器；

结构形式：窗式 C、分体式 F、移动式 Y、台式 T；

功能代号：冷风型（代号省略）、热泵型 R、电热型 D、热泵辅助电热型 Rd、除湿型 C；

机组的名义制冷量：用阿拉伯数字表示，该数字乘以 100 即为机组的名义制冷量（W）；

分体式室内机组代号：吊顶式 D、壁挂式 G、落地式 L、嵌入式 Q。

例如：KCR—26 表示窗式热泵型空调器，名义制冷量 2600W。

2. 主要性能指标

（1）名义制冷量和制热量

空调器制冷或供热时，在国家规定的试验工况下，单位时间从密闭空间、房间或区域内除去的热量称为名义制冷量；而向密闭空间、房间或区域内供给的热量称为名义制热量。名义制冷量或供热量的试验工况见表 8-1。

房间空调器名义制冷量或供热量的试验工况表   表 8-1

工况名称	室内侧空气状态（℃）		室外侧空气状态（℃）	
	干球温度	湿球温度	干球温度	湿球温度
名义制冷工况	27.0	19.5	35.0	24.0
热泵名义制热工况	21.0	—	7.0	6.0
电热名义制热工况	21.0	—	—	—

（2）循环风量

空调器在新风门和排风门完全关闭的情况下，单位时间内向密闭空间、房间或区域送出（或吸入）的空气量，单位 m^3/h。风量的大小直接影响着送风温度和换热器的传热系数。因此，通过调节循环风量使空调器适应不同的使用要求。

（3）输入功率

空调器在名义工况工作时所消耗的总功率。包括压缩机电机功率、风机电机功率以及一些辅助电器所消耗的功率。

（4）能效比

能效比等于空调器的名义制冷量或制热量与输入功率的比值，它是空调器最重要的经济性能指标。能效比高说明该空调器具有节能、省电的先决条件。国标《房间空气调节器能效限定值及能效等级》GB 12021.3—2010 规定了房间空调器的节能运行能效比为 ≥3.1。

8.2.2 空气源热泵的特点和使用地区的分类

1. 空气源热泵的特点

空气作为低位热源，可以取之不尽用之不竭，空气源热泵安装和使用简单方便，具有许多优点。但是也有一些缺点，如：

（1）由于空气的热容量小，就要求风机的容量较大，致使空气源热泵的噪声、风机消耗的电量以及热泵的体积都比较大；

（2）随着室外温度的降低，热泵的蒸发温度下降，制热性能系数也随之下降，供热量大打折扣；同时建筑物的耗热量上升。出现了热泵的供热量与建筑物的需热量之间的供需矛盾；

（3）冬季室外温度很低时，室外换热器中工质的蒸发温度也很低，当蒸发器表面温度低于0℃，且低于空气的露点温度时，换热器表面就会结霜。结霜不仅使空气流动阻力增大，还会导致热泵的制热性能系数和可靠性降低。除霜时热泵不仅不供热，还要消耗一定的能量。

空气源热泵的性能随室外温度降低而降低、蒸发器表面结霜等缺点已陆续得到了解决。

2. 空气源热泵使用地区的分类

（1）冬季运行时结霜的气象条件

冬季室外空气干球温度和相对湿度共同作用决定空气源热泵的运行工况。日本学者对不同空气源热泵机组进行试验，拟合出空气源热泵结霜的室外气象参数范围：$-12.8℃ \leqslant t_w \leqslant 5.8℃$，相对湿度$\geqslant 67\%$。我国学者提出：$t_w \geqslant -3℃$，相对湿度$\geqslant 60\%$，蒸发器会结霜；$t_w$在$0 \sim 3℃$，相对湿度$\geqslant 65\%$结霜最严重。并且空气源热泵只有在能效比大于3时才算是节能运行。据此，得出空气源热泵冬季运行时结霜的气象条件：

Ⅰ区——不结霜区：相对湿度$> 65\%$，$t_w > 5℃$及外$t_w < -12.8℃$，空气源热泵不结霜；

Ⅱ区——结霜可以忽略区：$-12.8℃ < t_w < 5℃$，相对湿度$\leqslant 65\%$，空气源热泵可能结霜，但可以忽略结霜对空气源热泵性能的影响；

Ⅲ区——结霜区：相对湿度$> 65\%$，$-12.8℃ < t_w < 5℃$，空气源热泵会结霜；

Ⅳ区——严重结霜区：$-5℃ < t_w < 5℃$，相对湿度$> 75\%$，空气源热泵结霜较为严重，能效比低于3；尤其是外温在0℃，相对湿度$> 80\%$时，结霜最严重。

（2）空气源热泵使用地区的分类

根据上述气象应用条件分析和对平均结霜除霜损失系数计算，得出我国使用空气源热泵的四类地区：

低温结霜区——如济南、北京、郑州、西安、兰州等；

轻霜区——如成都、桂林、重庆等；

一般结霜区——如杭州、武汉、上海、南京、南昌等；

重霜区——如长沙。

（3）空气源热泵适宜使用地区

空气源热泵适宜在夏热冬冷地区使用。这些地区夏季炎热，建筑物的冷负荷较大，而冬季室外温度较高，一般同一建筑物的冬季热负荷只有夏季冷负荷的50％～70％甚至更低，因此该地区可按照夏季冷负荷选取热泵容量，一般不需加辅助热源就完全能满足冬季采暖要求。

8.2.3   正确选用空气源热泵的容量

空气源热泵的容量大小，依据其在实际建筑环境中承担的负荷大小来确定。如果选择的容量大，会造成使用中频繁起停、室内温度场波动大、浪费电能、初投资过大等；如果选择的容量小，又达不到使用要求。房间空调负荷与许多因素有关，计算比较复杂，应按照《民用建筑供暖通风与空气调节设计规范》GB 50736—2012 中 5.2 热负荷和 7.2 空调负荷计算的规定计算热负荷和冷负荷，并据此选择空气源热泵的容量。

8.2.4   正确安装空气源热泵

空气源热泵的耗电量与机器本身的性能有关，也与合理的布置有关。

1. 窗式热泵型空调器的布置

窗式热泵型空调器的安装既要考虑室外条件，又要考虑室内要求。综合各种因素后确定最佳位置，使空气能良好的循环，降低能耗。

（1）应避免安装在阳光直射的地方。空调器在阳光直射下工作会产生一些弊端，如冷凝器散热差，制冷能力降低，耗电量增加等。如果安装位置无法避免阳光照射应设置遮篷，如图 8-2（a）所示，遮篷不能装得太低，如图 8-2（b）所示。在阳光直接照射下，太低的遮篷下温度偏高，还会影响空调器顶部百叶窗通风，并使冷凝器排出气体受阻。

（2）应根据房间的朝向，选择最合理的安装位置。北面是安装空调器的最佳位置，因为夏季北面的温度比南面要低，对空调器散热有利，可减少电耗。

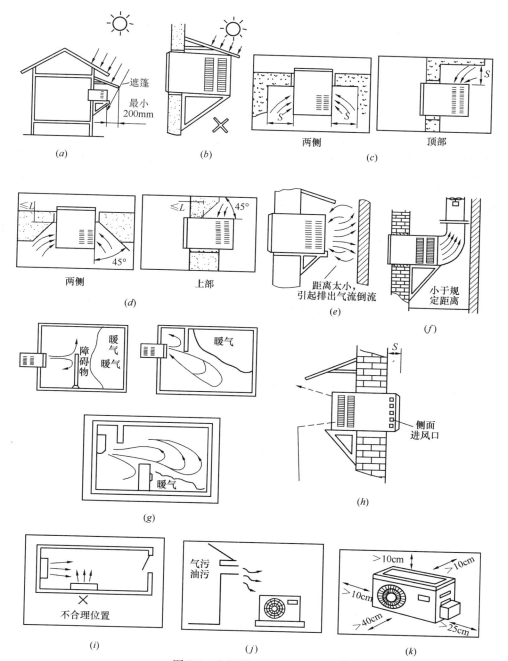

图 8-2 空调器正确安装方法

（a）空调器应避免阳光直射；（b）遮篷不能装得太低；（c）空调器两侧及顶部百叶窗外露；（d）厚墙改造图；（e）冷凝器出风口不应受阻；（f）附加风管帮助排气；（g）障碍物对气流的影响；（h）侧面进风应露在墙外；（i）窄长房间合理的安装位置；（j）安装位置应避免油污；（k）室外机安装的空间要求

（3）空调器两侧及顶部的百叶窗不允许遮盖，并且百叶旁边应留出足够大的空间。因为没有足够的空间就会影响冷凝器进风口的进风量，从而影响制冷效果增加电耗，如图 8-2（c）所示。窗式空调器两侧与墙面，顶部与遮篷之间的距离 S 一般应在 60mm 以上，如墙的厚度较大，应按图 8-2（d）要求改造墙体，以保证空调器百叶窗外露，且留有足够大的空间，使进风口、排风口通风良好。图中 L（墙的厚度）的大小应根据空调器说明书确定。

（4）一般要求距空调冷凝器的出风口 1m 内不允许有障碍物，否则会引起冷凝器排出气体倒流，影响冷凝器的散热效果。如果现场条件有限，冷凝器与障碍物之间的距离小于规定值，应采用附加风管或风管加排气扇的方法帮助排气，如图 8-2（e）、（f）所示。

（5）空调器室内位置的选择应尽量使空调器所送出的风能遍及室内各个方位，当空调器安装在长而窄的房间时，为了能向长的方向送风，应安装在短墙一边，如图 8-2（i）所示。空调器前不宜放置障碍物，以免造成气流短路，如图 8-2（g）所示。

（6）空调器在房间内的高度应适合，位置过高或过低都不利于冷风或暖风的循环，特别是从上面出风的窗式空调器，如果安装得太高，垂直导风板向下，此时上面送出的冷风或暖风容易直接被吸回，从而造成进出风短路。空调器的安装位置一般要求距离地面高度大于 0.6m，与顶棚的距离大于 0.2m。

（7）有的空调器冷、热风的进风口不在空调器的正面而在侧面，此时应将侧面的进风口突出在室外，其突出距离 S 应不小于说明书上的规定值，如图 8-2（h）所示。

（8）空调器不要安装在有油污等污浊空气排放的地方，否则空调器会被腐蚀，同时还会影响冷凝器散热，危害很大。

2. 分体式热泵型空调器室内机的布置

（1）应安装在室内机所送出的冷风或热风可以到达房间内大部分地方的位置，以使房间内温度分布均匀。室内机不应安装在墙上过低的位置，因为室内机进风口在正面，出风口在下部，冷风直吹人体或送在地面上，造成室内温度均匀性极差，使人感到不舒服。

（2）对于窄长形的房间，必须把室内机安装在房间内较窄的那面墙上，并且保证室内机所送出的风无物阻挡。否则会造成室内温度分布不均，使制冷时室内温度下降缓慢，或制热时温度上升缓慢。如图 8-2（i）所示。

（3）室内机应安装在避免阳光直接照射的地方，否则制冷运行时，增加空调器的制冷负载。

（4）室内机必须安装在容易排水，容易进行室内外连接的地方。室内外机连接管必须向室外有一定的倾斜度，以利于排除冷凝水。

3. 分体式热泵型空调器室外机的布置

（1）室外机应安装在通风良好的地方，其前后应无阻挡，有利于风机工作时抽风，增加换热效果。为防止日照和雨淋，应设置遮篷。

（2）室外机不应安装在有油污、污浊气体排出的地方，如图 8-2（j）所示。否则会污染空调器，降低传热效果，并破坏电器部件的性能。

（3）室外机的四周应留有足够的空间。其左端、后端、上端空间应大于10cm，右端空间应大于 25cm，前端空间应大于 40cm，如图 8-2（k）所示。

8.2.5　合理使用空气源热泵

正确安装后还需合理使用空调器，从而创造一个舒适、清新的环境，并节省能源、延长空调器的使用寿命。

1. 学习掌握一定的制冷空调知识

首先要了解所购空调器具有的全部功能，以便在使用空调器时，充分发挥其作用。

2. 设定适宜的温度

从人体健康、舒适感和节能角度出发，夏季室内温度的设定一般在 25～28℃为宜，冬季室内温度的设定一般在 16～20℃为宜。

3. 加强通风

一般可利用早晚比较凉爽的时候开窗换气，或在没有阳光直晒的时候通风换气，当室内人数较多时更应加强换气，以补充新鲜空气保持人体健康。

4. 应有专用电源

空调器由于自身电容量较大应有专用电源，连接要牢固，尽可能避免与其他家用电器共用同一回路，以防线路过载发生危险，有条件时可对空调器的电源进行稳压。空调器的接地要可靠，发现故障及时修理，切记不可带病运行。

8.3　地源热泵系统及应用

以岩土体、地下水或地表水为低温热源，由水源热泵机组、地热能交换系统、建筑物内系统组成的供热空调系统称为地源热泵系统。根据地热能交换系统形式的不同，地源热泵系统分为地埋管地源热泵系统（又称土壤源热泵系统）、地下水地源热泵系统和地表水地源热泵系统。

当农村住房选择地源热泵系统作为居住区或户用冷热源时，应确保地下资源不被破坏和不被污染，必须遵循国家标准《地源热泵系统工程技术规范》GB 50366—2005 中的各项有关规定。特别要谨慎地采用浅层地下水（井水）作为热源，并确保地下水全部回灌到同一含水层。

8.3.1　地源热泵系统概述

1. 地源热泵系统基本组成

地源热泵是利用水源热泵的一种形式，它是利用水与地能（地下水、土壤或地表水）进行冷热交换获取的能量作为水源热泵的冷热源。冬季把地能中的热量"取"出来，供给室内供暖，此时地能为"热源"；夏季把室内热量取出来，释放到地下水、土壤或地表水中，此时地能为"冷源"。

地源热泵系统主要由三部分组成：室外地能换热系统、水源热泵机组和室内供暖空调末端系统，地源热泵系统工作示意如图 8-3 所示。其中水源热泵机组主要有两种形式：水—水式或水—空气式。三个系统之间水源热泵与地能之间换热介质为水，水源热泵与建筑物供暖空调末端换热介质可以是水或空气。当室内换热介质是空气时，末端设备应是分体式空调设备的室内机或是水环热泵系统中的水源热泵机组；当室内换热介质是水时，末端设备应是风机盘管机组。无论末端

图 8-3　地源热泵系统工作示意图

使用何种设备，均应符合相应的国家标准或规范。

2. 地源热泵系统特点

（1）地源热泵系统的能源为可再生能源

地源热泵系统是利用了地球表面浅层地热资源（通常小于400m深）作为冷热源的。地表浅层是一个巨大的太阳能集热器，收集了47%的太阳能量，比人类每年利用能量的500倍还要多，它不受地域、资源等限制，真正是量大面广、无处不在。这种储存于地表浅层的地热资源（地能）成为可再生能源的一种形式。

（2）地源热泵系统的经济效益显著

地表浅层地热资源（地能）的温度一年四季相对稳定，冬季比环境空气温度高，夏季比环境空气温度低。这种温度特性不仅使地能成为热泵系统很好的冷热源；而且也使地源热泵系统比传统空调系统运行效率高40%，因此节能和节省运行费用在40%左右；此外，地能温度较稳定的特性，还使得热泵机组运行可靠、稳定，从而保证了系统的高效性和经济性。

（3）地源热泵系统的环境效益显著

地源热泵的污染物排放，与空气源热泵相比，相当于减少40%以上，与电供暖相比，相当于减少70%以上；虽然也采用制冷剂，但比常规空调装置减少25%的充灌量；该装置的运行没有任何污染，没有燃烧，没有排烟，也没有废弃物，可以建造在居民区内，不用远距离输送热量。

（4）地源热泵系统一机多用并应用范围广

地源热泵系统可供暖、空调，还可供生活热水，一机多用，一套系统可以替换原来的锅炉加空调的两套装置或系统；可应用于宾馆、商场、办公楼、学校等建筑，更适合于别墅住宅的供暖、空调。

（5）地源热泵系统维护费用低

在同等条件下，采用地源热泵系统的建筑物能够减少维护费用。地源热泵的机械运动部件非常少，所有的部件不是埋在地下便是安装在室内，从而避免了室外的恶劣气候，其地下部分可保证50年，地上部分可保证30年，因此地源热泵系统是免维护空调，节省了维护费用。

3. 对地源热泵系统工程勘察的规定

(1)《农村居住建筑节能设计标准》GB/T 50824—2013 规定

第 8.4.2 条:"农村地区进行地源热泵供热供暖系统方案设计前,应进行工程场地状况调查,并应对住房附近浅层地热能资源进行勘察。勘查内容应按现行国家标准《地源热泵系统工程技术规范》GB 50366—2005 的有关规定执行,工程勘察完成后应编写工程勘察报告。"浅层地热能资源的勘察包括地埋管换热系统的勘察、地下水换热系统的勘察及地表水换热系统的勘察。

(2)《地源热泵系统工程技术规范》GB 50366—2005 3.1 中的有关规定

1)地源热泵系统方案设计前,应进行工程场地状况调查,并应对浅层地热能资源进行勘察。

2)对已具备水文地质资料或附近有水井的地区,应通过调查获取水文地质资料。

3)工程勘察应由具有勘察资质的专业队伍承担。工程勘察完成后,应编写工程勘察报告,并对资源可利用情况提出建议。

4)工程场地状况调查应包括下列内容:

① 场地规划面积、形状及坡度;

② 场地内已有建筑物和规划建筑物的占地面积及其分布;

③ 场地内树木植被、池塘、排水沟及架空输电线、电信电缆的分布;

④ 场地内已有的、计划修建的地下管线和地下构筑物的分布及其埋深;

⑤ 场地内已有水井的位置。

4. 对建筑物内系统设计、施工、检验与验收的规定

(1)《地源热泵系统工程技术规范》GB 50366—2005 7.1 中关于建筑物内系统设计的规定

1)建筑物内系统的设计应符合现行国家标准《采暖通风与空气调节设计规范》GB 50019—2003 的规定。其中,涉及生活热水或其他热水供应部分,应符合现行国家标准《建筑给水排水设计规范》GB 50015—2003 的规定。

2)水源热泵机组性能应符合现行国家标准《水源热泵机组》GB/T 19409—2013 的相关规定,且应满足地源热泵系统运行参数的要求。

3)水源热泵机组应具备能量调节功能,且其蒸发器出口应设防冻保护装置。

4)水源热泵机组及末端设备应按实际运行参数选型。

5) 建筑物内系统应根据建筑的特点及使用功能确定水源热泵机组的设置方式及末端空调系统形式。

6) 在水源热泵机组外进行冷、热转换的地源热泵系统应在水系统上设冬、夏季节的功能转换阀门，并在转换阀门上作出明显标识。地下水或地表水直接流经水源热泵机组的系统应在水系统上预留机组清洗用旁通管。

7) 地源热泵系统在具备供热、供冷功能的同时，宜优先采用地源热泵系统提供（或预热）生活热水，不足部分由其他方式解决。水源热泵系统提供生活热水时，应采用换热设备间接供给。

8) 建筑物内系统设计时，应通过技术经济比较后，增设辅助热源、蓄热（冷）装置或其他节能设施。

（2）《地源热泵系统工程技术规范》GB 50366—2005 7.2 中关于建筑物内系统施工、检验与验收的规定

1) 水源热泵机组、附属设备、管道、管件及阀门的型号、规格、性能及技术参数等应符合设计要求，并具备产品合格证书、产品性能检验报告及产品说明书等文件。

2) 水源热泵机组及建筑物内系统安装应符合现行国家标准《制冷设备、空气分离设备安装工程施工及验收规范》GB 50274—2010 及《通风与空调工程施工质量验收规范》GB 50243—2002 的规定。

5. 对整体运转、调试与验收的规定

《地源热泵系统工程技术规范》GB 50366—2005 8 中规定：

（1）地源热泵系统交付使用前，应进行整体运转、调试与验收。

（2）地源热泵系统整体运转与调试应符合下列规定：

1) 整体运转与调试前应制定整体运转与调试方案，并报送专业监理工程师审核批准；

2) 水源热泵机组试运转前应进行水系统及风系统平衡调试，确定系统循环总流量、各分支流量及各末端设备流量均达到设计要求；

3) 水力平衡调试完成后，应进行水源热泵机组的试运转，并填写运转记录，运行数据应达到设备技术要求；

4) 水源热泵机组试运转正常后，应进行连续 24h 的系统试运转，并填写运

转记录；

5）地源热泵系统调试应分冬、夏两季进行，且调试结果应达到设计要求。调试完成后应编写调试报告及运行操作规程，并提交甲方确认后存档。

（3）地源热泵系统整体验收前，应进行冬、夏两季运行测试，并对地源热泵系统的实测性能作出评价。

（4）地源热泵系统整体运转、调试与验收除应符合本规范规定外，还应符合现行国家标准《通风与空调工程施工质量验收规范》GB 50243—2002 和《制冷设备、空气分离设备安装工程施工及验收规范》GB 50274—2010 的相关规定。

8.3.2　地埋管地源热泵系统

我国农村大多处于山地、丘陵地带，地下水开采初投资费用较大。另外一些农村地区水资源还相当匮乏，无地下水可用。当具备可供地源热泵机组埋管用的土壤面积时，宜采用埋管式地源热泵。《农村居住建筑节能设计标准》GB/T 50824—2013 中第 8.4.1 规定："农村住房热泵系统形式的选择，应综合考虑当地水资源政策、环境保护、能源效率以及农户对设备运行费用的承担能力等要求确定，宜选择土壤源热泵系统。"

地埋管地源热泵系统包括一个土壤地热交换器，它或是水平地安装在地沟中，或是以 U 形管状垂直安装在竖井之中，如图 8-4 所示的地埋管热泵系统。不同的管沟或竖井中的热交换器成并联连接，再通过不同的集管进入建筑中与建筑物内的水环路相连接。

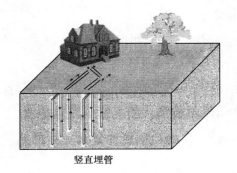
竖直埋管

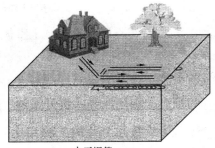
水平埋管

图 8-4　地埋管热泵系统

1. 地埋管地源热泵系统工作原理

地埋管地源热泵是指利用大地岩土作为热泵热源的热泵系统，它可按制冷工况和供热工况运行。在制冷工况，空调房间的冷负荷连同压缩机的功所转化的热量被排入大地。一般很少采用将热泵机组冷凝器直接埋入大地的做法，而是通过一种中间的介质（例如水）的循环，达到热量转移的目的，系统的工作原理如图8-5所示。地下埋管换热器与冷凝器之间通过管道连接成一个封闭的回路，在水泵的作用下，水在回路中往复循环，在冷凝器中吸收制冷剂的热量，通过室外埋管换热器传入大地。在供热工况，换向阀换向（图中细线连通），冷凝器将成为热泵机组的蒸发器，循环水流经埋管换热器时吸收大地的热量，在蒸发器中释放给制冷剂。在室内侧，同样既可以通过水的循环进行热量传递，也可以使制冷剂直接流经房间换热器与空气进行热交换。

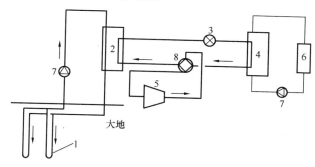

图8-5　土壤源热泵空调系统工作原理图

1—室外埋管换热器；2—冷凝器；3—截流机构；4—蒸发器；

5—压缩机；6—房间换热器；7—循环水泵；8—换向阀

2. 地埋管换热系统勘察

（1）《地源热泵系统工程技术规范》GB 50366—2005 中第 3.2.1 条规定："地埋管地源热泵系统方案设计前，应对工程场区内岩土体地质条件进行勘察。"岩土体地质条件勘察可参照《岩土工程勘察规范》GB 50021—2001 及《供水水文地质勘察规范》GB 50027—2001 进行。

（2）《地源热泵系统工程技术规范》GB 50366—2005 中第 3.2.2 条规定："地埋管换热系统勘察应包括下列内容：1）岩土层的结构；2）岩土体热物性；3）岩土体温度；4）地下水静水位、水温、水质及分布；5）地下水径流方向、速度；6）冻土层厚度。"采用水平地埋管换热器时，勘察采用槽探、坑探或钎探进行；采用垂直地埋管换热器时，勘察采用钻探进行。

3. 地埋管管材与传热介质设计要点

《地源热泵系统工程技术规范》GB 50366—2005 4.2 中规定：

（1）地埋管及管件应符合设计要求，且应具有质量检验报告和生产厂的合格证。

（2）地埋管管材及管件应符合下列规定：

1）地埋管应采用化学稳定性好、耐腐蚀、导热系数大、流动阻力小的塑料管材及管件，宜采用聚乙烯管（PE80 或 PE100）或聚丁烯管（PB），不宜采用聚氯乙烯（PVC）管。管件与管材应为相同材料；

2）地埋管质量应符合国家现行标准中的各项规定。管材的公称压力及使用温度应满足设计要求，且管材的公称压力不应小于 1.0MPa。地埋管外径及壁厚可按本规范附录 A 的规定选用。

（3）传热介质应以水为首选，也可选用符合下列要求的其他介质：

1）安全，腐蚀性弱，与地埋管管材无化学反应；

2）较低的冰点；

3）良好的传热特性，较低的摩擦阻力；

4）易于购买、运输和储藏。

（4）在有可能冻结的地区，传热介质应添加防冻剂。防冻剂的类型、浓度及有效期应在充注阀处注明。

（5）添加防冻剂后的传热介质的冰点宜比设计最低运行水温低 3~5℃。选择防冻剂时，应同时考虑防冻剂对管道与管件的腐蚀性，防冻剂的安全性、经济性及其对换热的影响。

需要说明的是：聚乙烯管应符合《给水用聚乙烯（PE）管材》GB/J 13663.2—2005 的要求；聚丁烯管应符合《冷热水用聚丁烯（PB）管道系统》GB/T 19473.2—2004 的要求。

4. 地埋管换热系统设计

地埋管换热器中循环介质与大地之间的换热情况非常复杂，地埋管地源热泵系统的设计难点主要集中在地下埋管换热器的设计上。

（1）对负荷的规定

1）《农村居住建筑节能设计标准》GB/T 50824—2013 规定

第8.4.3条："在系统选择、设备选型及进行地源热泵设计前，必须对建筑物的设计负荷进行精确计算，并按设计负荷计算地热换热器的负荷和地热系统的能量负荷。"设计负荷是用来确定系统的设备（如热泵）的大小和型号，并根据设计负荷设计空气分布系统（送风口、回风口和风管系统），同时它又是能量负荷和地热换热器负荷计算的基础。能量负荷是用来预测在某一规定时间内（如1个月，1个季度或1年）系统运行所需的能量，地热换热器负荷与地热系统和地热换热器连接设备的设计有关，是释放到地下的热量（供冷）或者从地下吸收的热量（供热）。

2）《地源热泵系统工程技术规范》GB 50366—2005 4.3 中的有关规定

第4.3.2条："地埋管换热系统设计应进行全年动态负荷计算，最小计算周期宜为1年。计算周期内，地源热泵系统总释热量宜与其总吸热量相平衡。"由于全年冷、热负荷平衡失调，将导致地埋管区域岩土体温度持续升高或降低，从而影响地埋管换热器的换热性能，降低地埋管换热系统的运行效率。因此，地埋管换热系统设计应考虑全年冷热负荷的影响。

第4.3.3条："地埋管换热器换热量应满足地源热泵系统最大吸热量或释热量的要求。在技术经济合理时，可采用辅助热源或冷却源与地埋管换热器并用的调峰形式。"对于最大吸热量和最大释热量相差不大的工程，应分别计算供热与供冷工况下地埋管换热器的长度，取其大者，确定地埋管换热器；当两者相差较大时，宜通过技术经济比较，采用辅助散热（增加冷却塔）或辅助供热的方式来解决，一方面经济性较好，同时，也可避免因吸热与释热不平衡引起岩土体温度的降低或升高。

（2）埋管形式

《地源热泵系统工程技术规范》GB 50366—2005 中第4.3.4条规定："地埋管换热器应根据可使用地面面积、工程勘察结果及挖掘成本等因素确定埋管方式。"地埋管换热器有水平和竖直两种埋管方式。当可利用地表面积较大，浅层岩土体的温度及热物性受气候、雨水、埋设深度影响较小时，宜采用水平地埋管换热器。虽然它的换热能力要比竖直埋管小得多，但是初投资要少些。图8-6为常见的水平地埋管换热器形式，图 8-7 为新近开发的水平地埋管换热器形式，图 8-8 为竖直地埋管换热器形式。

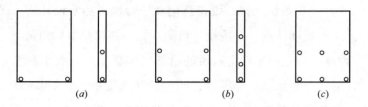

图 8-6   几种常见的水平地埋管换热器形式

(*a*) 单或双环路；(*b*) 双或四环路；(*c*) 三或六环路

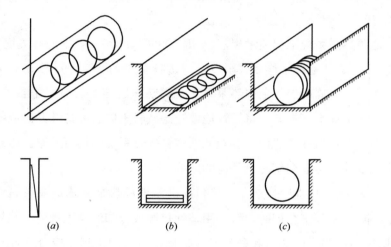

图 8-7   几种新近开发的水平地埋管换热器形式

(*a*) 垂直排圈式；(*b*) 水平排圈式；(*c*) 水平螺旋式

(3) 水平间距及埋深

《地源热泵系统工程技术规范》GB 50366—2005 中第 4.3.7 条规定："水平地埋管换热器可不设坡度。最上层埋管顶部应在冻土层以下 0.4m，且距地面不宜小于 0.8m。"第 4.3.8 条规定："竖直地埋管换热器埋管深度宜大于 20m，钻孔孔径不宜小于 0.11m，钻孔间距应满足换热需要，间距宜为 3～6m。水平连接管的深度应在冻土层以下 0.6m，且距地面不宜小于 1.5m。"

不管是水平地埋管还是竖直地埋管，考虑一定的水平间距，目的都是尽量减少各埋管单元之间温度场的相互影响。对于水平埋管，还应考虑不受外界气温的

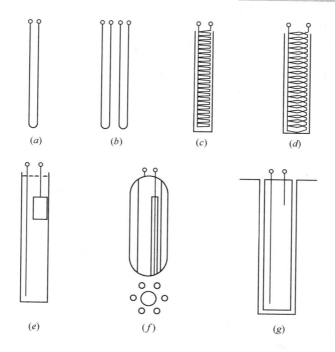

图 8-8　竖直地埋管换热器形式

(a) 单 U 形管；(b) 双 U 形管；(c) 小直径螺旋盘管；

(d) 大直径螺旋盘管；(e) 立柱状；(f) 蜘蛛状；(g) 套管式

影响。浅埋竖直管换热器在间歇运行时的水平影响距离在 1.5m 左右。U 形竖直埋管的水平间距，有资料指出一般为 4.5m。

一般情况下通过增加竖直埋管数量而不是埋深来满足空调负荷需求，因为增加埋深会使造价急剧上升，此外，还有热短路的问题。有资料提出对应于不同管径的埋管深度的建议，见表 8-2。

不同管径埋管深度的建议　　　　　　　　　　　　表 8-2

管径（mm）	埋入深度（m）
DN20	30～60
DN25	45～90
DN32	75～150
DN40	90～180

（4）换热能力

换热能力指的是单位管长或单位竖直埋管深度的换热量，是地下埋管换热器设计中最重要的设计参数，根据它才能确定所需的埋管长度和竖井总深度。在通常的情况下，竖直埋管的单位深度换热量在 70～110W/m 之间，水平埋管换热量在 20～40W/m 左右。由于埋管区域的地质条件、埋管形式、埋深、水平间距、管径、换热器设计流量甚至建筑物的负荷分布都对该参数有影响，在实际使用时很难找到比较一致的参考实例。重庆大学刘宪英教授建立了土壤源热泵系统地下换热器的传热模型并开发了相应的计算程序，可以计算出热泵连续运行或间歇运行时的大地温度场分布以及埋管换热器的换热能力。

5. 地埋管换热系统施工

《地源热泵系统工程技术规范》GB 50366—2005 4.4 中对地埋管换热系统施工做了详细的规定，共列有 11 条，以下仅介绍其中的几条。

（1）第 4.4.5 条："水平地埋管换热器铺设前，沟槽底部应先铺设相当于管径厚度的细砂。水平地埋管换热器安装时，应防止石块等重物撞击管身。管道不应有折断、扭结等问题，转弯处应光滑，且应采取固定措施。"

（2）第 4.4.6 条："水平地埋管换热器回填料应细小、松散、均匀，且不应含石块及土块。回填压实过程应均匀，回填料应与管道接触紧密，且不得损伤管道。"回填料应采用网孔不大于 15mm×15mm 的筛进行过筛，以保证回填料不含有尖利的岩石块和其他碎石。为保证回填均匀且回填料与管道紧密接触，回填应在管道两侧同步进行，同一沟槽中有双排或多排管道时，管道之间的回填压实应与管道和槽壁之间的回填压实对称进行。管道两侧和管顶以上 50cm 范围内，应采用轻夯实，严禁压实机具直接作用在管道上，使管道受损。

（3）第 4.4.7 条："竖直地埋管换热器 U 形管安装应在钻孔钻好且孔壁固化后立即进行。当钻孔孔壁不牢固或者存在孔洞、洞穴等导致成孔困难时，应设护壁套管。下管过程中，U 形管内宜充满水，并宜采取措施使 U 形管两支管处于分开状态。"护壁套管为下入钻孔中用以保护钻孔孔壁的套管。钻孔前，护壁套管应预先组装好，施钻完毕应尽快将套管放入钻孔中，并立即将水充满套管，以防孔内积水使套管脱离孔底上浮，达不到预定埋设深度。

（4）第 4.4.8 条："竖直地埋管换热器 U 形管安装完毕后，应立即灌浆回填封孔。当埋管深度超过 40m 时，灌浆回填应在周围临近钻孔均钻凿完毕后进行。"灌浆即使用泥浆泵通过灌浆管将混合浆灌入钻孔中，以隔离含水层。泥浆泵的泵压足以使孔底的泥浆上返至地表，当上返泥浆密度与灌注材料的密度相等时，认为灌浆过程结束。灌浆时，应保证灌浆的连续性，应根据机械灌浆的速度将灌浆管逐渐抽出，使灌浆液自下而上灌注封孔，确保钻孔灌浆密实，无空腔，否则会降低传热效果，影响工程质量。

（5）第 4.4.9 条："竖直地埋管换热器灌浆回填料宜采用膨润土和细砂（或水泥）的混合浆或专用灌浆材料。当地埋管换热器设在密实或坚硬的岩土体中时，宜采用水泥基料灌浆回填。"膨润土的比例宜占 4%～6%。钻孔时取出的泥砂浆凝固后如收缩很小时，也可用作灌浆材料。如果地埋管换热器设在非常密实或坚硬的岩土体或岩石情况下，采用水泥基料灌浆，是为了防止孔隙水因冻结膨胀损坏膨润土灌浆材料而导致管道被挤压节流。

（6）第 4.4.10 条："地埋管换热器安装前后均应对管道进行冲洗。"冲洗是保证地埋管换热系统可靠运行的必须步骤，在地埋管换热器安装前、地埋管换热器与环路集管装配完成后及地埋管换热系统全部安装完成后均应对管道系统进行冲洗。

（7）第 4.4.11 条："当室外环境温度低于 0℃时，不宜进行地埋管换热器的施工。"因为室外环境温度低于 0℃时，塑料地埋管物理力学性能将有所降低，容易造成地埋管的损害。

8.3.3　地下水地源热泵系统

地下水地源热泵系统分为两种，一种为开式，另一种为闭式。开式地下水地源热泵系统是将地下水直接供应到每台热泵机组，之后将水回灌地下。由于可能导致管路阻塞，更重要的是可能导致腐蚀发生，通常不建议在地源热泵系统中直接应用地下水。图 8-9 为地下水地源热泵系统。

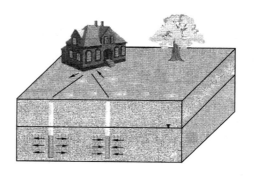

1. 闭式地下水地源热泵系统工作原理

图 8-9　地下水地源热泵系统

闭式地下水地源热泵系统由热泵、地下水井（抽水井和回灌井）、闭式水循环环路及辅助设备组成。从 30～200m 深的地下取水，冬季经换热器降温后，再回灌到另一口深井中，换热器得到的热量经热泵提升温度后成为采暖热源。夏季则将地下水从深井中取出经换热器升温后再回灌到另一口深井中，换热器另一侧则为空调冷却水。由于取水和回水过程中仅通过冷凝器或中间换热器，属于全封闭方式，因此不使用任何水资源也不会污染地下水源。

2. 地下水换热系统勘察

（1）《地源热泵系统工程技术规范》GB 50366—2005 中第 3.3.1 条规定："地下水地源热泵系统方案设计前，应根据地源热泵系统对水量、水温和水质的要求，对工程场区的水文地质条件进行勘察。"水文地质条件勘察可参照《供水水文地质勘查规范》GB 50027—2001、《供水管井技术规范》GB 50296—1999 进行。

（2）《地源热泵系统工程技术规范》GB 50366—2005 中第 3.3.2 条规定："地下水换热系统勘察应包括下列内容：1）地下水类型；2）含水层岩性、分布、埋深及厚度；3）含水层的富水性和渗透性；4）地下水径流方向、速度和水力坡度；5）地下水水温及其分布；6）地下水水质；7）地下水水位动态变化。"

（3）《地源热泵系统工程技术规范》GB 50366—2005 中第 3.3.3 条规定："地下水换热系统勘察应进行水文地质试验。试验应包括下列内容：1）抽水试验；2）回灌试验；3）测量出水水温；4）取分层水样并化验分析分层水质；5）水流方向试验；6）渗透系数计算。"

3. 地下水回灌技术

评价一个运行的地下水源热泵系统的优劣，首先要看的是能否 100% 地回灌地下水，必须符合《地源热泵系统工程技术规范》GB 50366—2005 中第 5.1.1 条规定，即："地下水换热系统应根据水文地质勘察资料进行设计。必须采取可靠回灌措施，确保置换冷量或热量后的地下水全部回灌到同一含水层，并不得对地下水资源造成浪费及污染。系统投入运行后，应对抽水量、回灌量及其水质进行定期监测。"然后才能看它的运行经济性、可靠性和安全性等。

（1）地下水源热泵回灌的目的

1）保护地下水资源，避免出现地质灾害。2）改善和提高浅层地能（热）的利用效率。3）保持含水层内的压力，维护浅层地能（热）的开采条件。

（2）地下水回灌方法与地下水灌抽比

1）重力回灌

重力回灌又称无压自流回灌。它是依靠自然重力进行回灌，即依靠井中回灌水位和静水位之差。此法的优点是系统简单，它也适用于低水位和渗透性良好的含水层，现在国内大多数系统都采用这种无压自流回灌方式。

2）压力回灌

通过提高回灌水压的方法将热泵系统用后的地下水灌回含水层内。压力回灌适用于高水位和低渗透性的含水层和承压含水层。它的优点是有利于避免回灌的堵塞，也能维持稳定的回灌速率、维持系统一定压力，可以避免外界空气侵入而引起地下水氧化。它的缺点是回灌时对井的过滤层和含砂层的冲击力强。

3）地下水灌抽比

地下水灌抽比，既是同一井的回灌水量与其抽水量之比。理论上可以达到100%，但是实际上由于水文地质条件的不同，常常影响到回灌量的不同，特别在细砂含水层中，回灌的速度大大低于抽水速度。对于砂粒较粗的含水层，由于孔隙较大，相对而言回灌比较容易。表8-3列出了国内针对不同地下含水层情况、典型的灌抽比、井的布置和单井出水量情况。

不同地质条件下的地下水系统设计参数　　　　　　　　表 8-3

含水层类型	灌抽比（%）	井的布置	井的流量（t/h）
砾石	＞80	一抽一灌	200
中粗砂	50～70	一抽二灌	100
细砂	30～50	一抽三灌	50

（3）地下水源热泵回灌的问题与对策

地下水源热泵回灌的主要问题是回灌能力下降，究其原因是井孔、岩石表面和地层结构内发生堵塞。

1）悬浮物堵塞

防止悬浮物的具体措施是加装过滤器，除去水中的悬浮物之后再回灌。因此，控制回灌水中悬浮固体物的含量是防止回灌井堵塞的首要因素。

2）气泡堵塞

防止回灌水夹带气泡的具体措施是在回灌井口水系统的最高点设置集气罐，

集气罐上设置自动排气阀。

3）化学沉淀堵塞

水中的离子和含水层中黏土颗粒上的阳离子发生交换，导致黏粒的膨胀和扩散，这是发生最多的因化学反应而产生的堵塞。防止黏粒膨胀和扩散的具体措施是通过注入 $CaCl_2$ 等盐来解决。

4）微生物的生长

防止措施是：①去除水中的有机物；②进行预消毒，杀死微生物，如常用氯消毒。

5）含水层细颗粒介质重组

这种堵塞一旦形成很难处理，因此，在运行中应做到以下几点：

① 回灌效果的监测。要对回灌井的回灌水量、水温、水质及井口压力等进行监测，并记录以备查阅。

② 回扬。回扬清洗方法是预防和处理回灌井堵塞的有效方法之一。

③ 回灌井的维护与管理。每年至少要检修一次井，将井管抽出，清洗过滤网及井管。

④ 采用化学的方法（加酸、消毒及氯化剂等）对回灌井进行周期性的再生与处理，以保护井的回灌能力。

4. 关于地下水换热系统设计与施工的规定

《地源热泵系统工程技术规范》GB 50366—2005 5.2 和 5.3 中分别对地下水换热系统设计与施工做了详细的规定，共列有 14 条，以下仅介绍其中的几条。

（1）第 5.2.2 条："热源井设计应符合现行国家标准《供水管井技术规范》GB 50296—2014 的相关规定，并应包括下列内容：1）热源井抽水量和回灌量、水温和水质；2）热源井数量、井位分布及取水层位；3）井管配置及管材选用，抽灌设备选择；4）井身结构、填砾位置、滤料规格及止水材料；5）抽水试验和回灌试验要求及措施；6）井口装置及附属设施。"

（2）第 5.2.3 条："热源井设计时应采取减少空气侵入的措施。"因为氧气会与水井内存在的低价铁离子反应形成铁的氧化物，也能产生气体黏合物，引起回灌井阻塞，为此，热源井设计时应采取有效措施消除空气侵入现象。

（3）第 5.2.4 条："抽水井与回灌井宜能相互转换，其间应设排气装置。抽水管和回灌管上均应设置水样采集口及监测口。"因为抽水井与回灌井相互转换利于开采、洗井、岩土体和含水层的热平衡。抽水井具有长时间抽水和回灌的双重功能，要求不出砂又保持通畅。抽水井与回灌井间设排气装置，可避免将空气带入含水层。

（4）第5.2.5条："热源井数目应满足持续出水量和完全回灌的需求。"一般为了保证回灌效果，抽水井与回灌井比例不小于1：2。

（5）第5.2.6条："热源井位的设置应避开有污染的地面或地层。热源井井口应严格封闭，井内装置应使用对地下水无污染的材料。"这是为了避免污染地下水。

（6）第5.3.4条："热源井施工应符合现行国家标准《供水管井技术规范》GB 50296—1999的规定。"

（7）第5.3.5条："热源井在成井后应及时洗井。洗井结束后应进行抽水试验和回灌试验。"

（8）第5.3.6条："抽水试验应稳定延续12h，出水量不应小于设计出水量，降深不应大于5m；回灌试验应稳定延续36h以上，回灌量应大于设计回灌量。"

8.3.4　地表水地源热泵系统

图8-10为地表水地源热泵系统。地表水地源热泵系统同地下水地源热泵系统一样也分为两种，一种为开式，另一种为闭式。开式就是通过取水口并经简单污物过滤装置处理，然后在循环泵的驱动下，将处理后的地表水直接送入热泵机组或通过中间换热器进行换热的系统。闭式就是将封闭的换热盘管按照特定的排列方式，放入具有一定深度的地表水体中，传热介质通过换热盘管管壁与地表水进行热交换的系统。

1. 闭式地表水地源热泵系统特点

（1）闭式环路中的循环介质（水或添加防冻剂的水溶液）清洁，避免了系统内的堵塞现象。但是，封闭的盘管外表面可能会结有污泥（垢）等

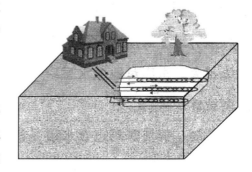

图8-10　地表水地源热泵系统

污物，尤其在盘管底部产生污泥现象时有发生。

（2）闭式环路系统中循环水泵的扬程只需克服系统中流动阻力。因此，相对于开式地表水地源热泵系统中的泵功率要小。

（3）由于闭式环路中的循环介质与地表水之间换热的要求，循环介质的温度一般要比地表水水温低 $2\sim7$℃，由此将会引起水源热泵机组的特性降低，即机组的 EER 或 COP 值相对于开式系统略有下降。

2. 地表水换热系统勘察

（1）《地源热泵系统工程技术规范》GB 50366—2005 中第 3.4.1 条规定："地表水地源热泵系统方案设计前，应对工程场区地表水源的水文状况进行勘察。"

（2）《地源热泵系统工程技术规范》GB 50366—2005 中第 3.4.2 条规定："地表水换热系统勘察应包括下列内容：1）地表水水源性质、水面用途、深度、面积及其分布；2）不同深度的地表水水温、水位动态变化；3）地表水流速和流量动态变化；4）地表水水质及其动态变化；5）地表水利用现状；6）地表水取水和回水的适宜地点及路线。"地表水水温、水位及流量勘察应包括近 20 年最高和最低水温、水位及最大和最小水量；地表水水质勘察应包括引起腐蚀与结垢的主要化学成分，地表水源中含有的水生物、细菌类、固体含量及盐碱量等。

3. 地表水的特点对地源热泵系统的影响

（1）地表水表层（0~12m）的水温随着全年各个季节的不同而变化。因此，地表水地源热泵的一些特点与空气源热泵相似。如：冬季要求供热负荷最大时，对应的蒸发温度最低；而夏季要求供冷负荷最大时，对应的冷凝温度又最高。特别在冬季为避免盘管换热器中出现大量的结冰，地表水必须保持足够高的温度。还常选用防冻剂水溶液作为换热盘管的换热介质，同时还应该设置辅助热源。

（2）湖水或池水的表面积和深度不同所能提供的热（冷）量也不同。有资料给出浅水池或湖泊（4.6~6.1m）的热负荷不应超过 $13W/m^2$ 水面，对于温度分层明显的深水湖（＞9.2m），其热负荷的最大值应不超过 $69.5W/m^2$ 水面。《地源热泵系统工程技术规范》GB 50366—2005 中第 6.1.2 条规定："地表水换热系统设计方案应根据水面用途，地表水深度、面积，地表水水质、水位、水温情况综合确定。"第6.1.3条规定："地表水换热盘管的换热量应满足地源热泵系统最大吸热量或释热量的需要。"

（3）目前，多数河水、湖水的水质（如地表水的浊度、硬度、pH值、藻类和微生物含量等）难以达到地表水地源热泵对水质的要求。因此，要根据地表水水质的不同采用合理的水处理方式。对于浊度和藻类含量都较低的湖水、水库水可采用砂过滤、Y型过滤器等方式处理；对于藻类和微生物含量较高的地表水需要经过杀藻消毒，并采用混凝过滤等处理方式；对于浊度较高的江河水需要经过除砂、沉淀、过滤等处理。《地源热泵系统工程技术规范》GB 50366—2005中第6.2.1条规定："开式地表水换热系统取水口应远离回水口，并宜位于回水口上游。取水口应设置污物过滤装置。"

（4）江河的径流特征值（水位、流量、流速等）是确定地表水地源热泵取水位置、取水构筑物形式与结构的主要依据。全面综合的考虑径流特征值，对于设计、施工和运行，都具有重要意义。《地源热泵系统工程技术规范》GB 50366—2005中第6.2.3条规定："地表水换热盘管应牢固安装在水体底部，地表水的最低水位与换热盘管距离不应小于1.5m。换热盘管设置处水体的静压应在换热盘管的承压范围内。"最低水位指近20年每年最低水位的平均值。为了防止风浪、结冰及船舶可能对其造成的损害，要求地表水的最低水位与换热盘管距离不应小于1.5m。

4. 关于地表水换热系统施工的规定

《地源热泵系统工程技术规范》GB 50366—2005 6.3中对地表水换热系统施工做了详细的规定，共列有5条，以下仅介绍其中的2条。

（1）第6.3.2条："地表水换热盘管管材及管件应符合设计要求，且具有质量检验报告和生产厂的合格证。换热盘管宜按照标准长度由厂家做成所需的预制件，且不应有扭曲。"换热盘管任何扭曲部分均应切除，未受损部分熔接后须经压力测试合格后才可使用。换热盘管存放时，不得在阳光下曝晒。

（2）第6.3.3条："地表水换热盘管固定在水体底部时，换热盘管下应安装衬垫物。"换热盘管一般固定在排架上，并在下部安装衬垫物，衬垫物可采用轮胎等。

8.4 太阳能热泵系统及应用

近几年，随着研究工作的深入，人们逐渐认识到：靠单一热泵来制冷、制热受到众多因素的限制。同样，在太阳辐射强度小、气温较低、对供热要求较高的地区，普通太阳能供热系统的应用也受到很大限制。如：白天集热板板面温度的上升导致集热效率下降，夜间或阴雨天没有足够的太阳辐射，无法实现连续供热等。在这种条件下，以生态理念构建的复合源热泵便应运而生，而太阳—空气源热泵系统既是复合源热泵家族中的一员，它就是将热泵技术与太阳能装置结合起来组成的太阳能热泵系统，可有效提高太阳能集热器集热效率和热泵系统性能，解决全天供热问题，同时实现使用一套设备解决冬季采暖和夏季制冷的问题。

8.4.1 太阳能热泵系统分类

按照太阳能和热泵系统的连接方式，太阳能热泵系统分为串联系统、并联系统和混合连接系统，其中串联系统又可分为传统串联式系统和直接膨胀式系统。

1. 传统串联式系统

在传统串联式系统中，太阳能集热器和热泵蒸发器是两个独立的部件，它们通过贮热器实现换热，贮热器用于存储被太阳能加热的介质，热泵系统的蒸发器与其换热使制冷剂蒸发，通过冷凝器将热量传递给热用户，这是最基本的太阳能热泵的连接方式，如图 8-11 所示。

2. 直接膨胀式系统

该系统将太阳能集热器作为热泵系统中的蒸发器，换热器作为冷凝器，这样，就可以得到较高温度的采暖热媒。目前直接膨胀式系统因其结构简单、性能良好，已逐渐成为人们研究关注的对象，并已经得到实际的应用，如图 8-12 所示。

3. 并联式系统

该系统如图 8-13 所示，是由传统的太阳能集热器和热泵共同组成，它们各自独立工作，互为补充。热泵系统的热源一般是周围的空气。当太阳辐射足够时，只运行太阳能系统，否则，运行热泵系统或两个系统同时工作。

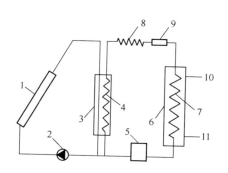

图 8-11 串联式太阳能热泵系统

1—平板式集热器；2—水泵；3—换热器；
4—蒸发器；5—压缩机；6—水箱；7—冷凝
盘管；8—毛细管；9—干燥过滤器；10—热
水出口；11—冷水入口

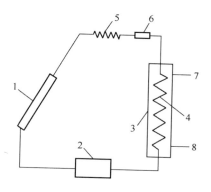

图 8-12 直接膨胀式太阳能热泵系统

1—平板集热器；2—压缩机；3—水箱；
4—冷凝盘管；5—毛细管；6—干燥过滤
器；7—热水出口；8—冷水入口

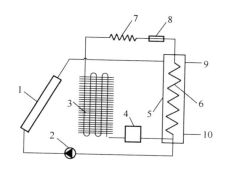

图 8-13 并联式太阳能热泵系统

1—平板集热器；2—水泵；3—蒸发器；4—
压缩机；5—水箱；6—冷凝盘管；7—毛细
管；8—干燥过滤器；9—热水出口；10—冷
水入口

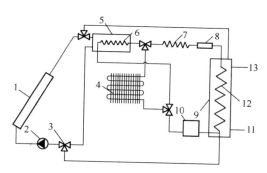

图 8-14 混合式太阳能热泵系统

1—平板集热器；2—水泵；3—三通阀；4—空气源蒸发器；
5—中间换热水箱；6—以太阳能加热的水或空气为热源的
蒸发器；7—毛细管；8—干燥过滤器；9—水箱；10—压缩
机；11—冷水入口；12—冷凝盘管；13—热水出口

4. 混合连接系统

此系统是串联和并联的组合，如图 8-14 所示，混合式太阳能热泵系统设两个蒸发器，一个以大气为热源，另一个以被太阳能加热的介质为热源。当太阳辐射强度足够大时，不需要开启热泵，直接利用太阳能即可满足要求；当太阳辐射强度很小，以致水箱的水温很低时，开启热泵，使其以空气为热源进行工作；当外界条件介于两者之间时，使热泵以水箱中被太阳能加热的工质为热源进行工作。

8.4.2　关于太阳能/空气源混合热泵设计标准及规程介绍

1. 标准及技术规程编制的必要性

太阳能/空气源的混合热泵弥补了单一热源热泵存在的局限性；它最低限度地消耗常规能源、最大限度地利用绿色生态可再生能源（太阳能、空气低焓能）；同时它还是最利于与太阳能供热系统相结合的系统形式；而且太阳能/空气源混合热泵系统在建筑物进行供热与空调，具有良好的节能与环境效益；并可满足较高的舒适性要求。该技术可以应用在农家乐及经济较好的村镇，市场广阔，因而近年来在国内得到了日益广泛的应用。

目前，我国太阳能或热泵方面的相关设计标准已有许多，但多是各自分别制定，缺乏统一的标准，这给太阳能/空气源的复合源热泵技术在农村村镇的应用带来了困难。由于缺乏相应标准的约束，也使得太阳能/空气源复合热泵系统的推广呈现出很大盲目性，许多项目在没有对当地资源状况进行充分评估的条件下就匆匆上马，造成系统工作不正常，系统的设计、安装及使用也不规范。

鉴于太阳能/空气源复合热泵的优点及当前存在的问题，科技部科技支撑计划项目《农村住宅规划设计与建设标准研究》课题组，深入调查研究，认真总结实践经验，参考国内外相关标准，结合天津市的地方气候、地理及经济特点，在广泛征求意见的基础上，通过反复讨论，修改和完善，编制了《天津市太阳能/空气源的混合热泵设计标准》和《户式太阳能组合热源采暖技术规程》。

2.《天津市太阳能/空气源的混合热泵设计标准》主要技术内容

《天津市太阳能/空气源的混合热泵设计标准》的主要技术内容是：总则、术语符号、工程现场勘察、太阳能/空气源的混合热泵系统设计、系统设计一般规定、系统运行管理。

各地区在进行太阳能/空气源的混合热泵方案设计前，应对该地区太阳能资源进行调查，并取得相关资料，太阳辐照量应在可利用范围内，并应由具有勘察资质的专业队伍承担工程勘察。勘察内容包括：场地面积、形状及工程规模、特征；场地内已有建筑物的占地面积、形状及其分布；毗邻建筑物的情况及分布；场地内树木植被、水塔、烟筒、架空输电线的分布。应进行太阳能/空气源的混合热泵系统设计，包括：系统设计、结构设计、集热器选择、贮热水箱设计、循环水泵选择、空气源热泵机组选择、管路设计、电气及防雷设计。

3. 《户式太阳能组合热源供暖技术规程》主要技术内容

《户式太阳能组合热源供暖技术规程》的主要技术内容是：总则、术语定义、基本规定、户式太阳能组合热源供暖（空调）系统、户式太阳能组合热源供暖（空调）系统施工、户式太阳能组合热源供暖（空调）系统的检验调试与验收。

基本规定包括：系统应确保安全、舒适、节能、经济，应有防冻、防过热、防雷、防冰雹、抗风、抗震和保证电气安全等技术措施，不得影响相邻建筑的日照标准。户式太阳能组合热源供暖（空调）系统设计包括：系统组成、负荷计算、室内系统设计、集热器系统设计、控制系统设计。户式太阳能组合热源供暖（空调）系统施工包括：施工准备、系统施工、系统水压试验、系统调试。户式太阳能组合热源供暖（空调）系统的检验、调试与验收包括：一般规定、分项工程验收、竣工验收。

太阳能利用技术与相关标准 **9**

能源问题是衡量地区是否健康发展的重要指标，在新农村建设中，推广太阳能技术的应用具有深远的意义。太阳能作为新能源和可再生能源的一种，是取之不尽、用之不竭的洁净能源。推广利用可再生能源替代常规能源，可减少常规能源使用产生的温室气体排放和污染物排放，改变农村用能结构，改善农村卫生环境，实现用能的本地化和节约化，从而有利于建设生产发展、生活富裕、生态良好的社会主义新农村。因此本章介绍了太阳及太阳能的相关知识，重点阐述了适宜在村镇地区推广应用的各项太阳能应用技术，总结相关设计标准和规程，并就各项应用技术在设计、施工、验收等阶段的要求进行详细讲述。

9.1 太 阳 能 概 述

9.1.1 太阳及太阳能

太阳是太阳系的中心天体，是太阳系里唯一的一颗恒星，也是离地球最近的一颗恒星。太阳是一个炽热的气态球体，其主要组成气体为氢（约 71%）和氦（约 27%），是没有固体的星体或核心。它的直径约为 $1.39×10^6$ km，是地球的 109 倍；质量约为 $2.2×10^{27}$ t，为地球质量的 $3.32×10^5$ 倍，全部行星质量的 745 倍；体积比地球大 $1.3×10^6$ 倍；平均密度为地球的 1/4；日地平均距离为 $1.496 × 10^8$ km。

太阳内部构造有"里三层"，从中心向外依次是：核反应区、辐射区和对流区。核反应区是太阳热能产生的基地，在这里产生热核反应，氢核聚变为氦核，不断地释放出巨大的能量，太阳能量的 99% 是由热核反应产生的。这些能量经辐射区和对流区向太阳表层传播，它们是"输送带"。氢聚合成氦在释放巨大能量的同时，每 1g 质量将亏损 0.0072g，根据目前太阳产生核能的速率估算，其氢的储量足够维持 100 亿年。因此，从人类寿命的角度来看，太阳能是用之不竭的。

太阳每秒钟发射的能量相当于 160×10^{21} kW，其中只有极微小的部分（约 1/22 亿）到达地球。即便这样，太阳每秒钟辐射到地球表面的能量相当于 6×10^9 t 标准煤，按此计算，一年内达到地球表面的太阳能总量折合成标准煤约 1.892×10^{13} 千亿 t，是目前世界主要能源探明储量的一万倍，可以说是一种取之不尽，用之不竭的高效能源。因此，各国都十分重视对太阳能的开发和利用。1997 年，在韩国首尔举行的世界太阳能大会上，展现了各国在太阳能的应用和研究方面的许多成果，并明确提出"太阳能意味着效益"的口号，表明了太阳能在各个领域的应用前景。日本政府在 1974 年提出了开发利用新能源的"阳光计划"，在 1978 年和 1989 年先后提出了旨在节能和保护环境的"月光计划"和"环境技术开发计划"。1993 年日本将这三个"计划"合并，称为"新阳光计划"，其研究课题之一是可再生能源技术的开发利用，包括太阳能、风能、温差发电、生物能和地热利用等技术。欧盟计划将可再生能源在一次能源中的比例从 1997 年的 6% 提高到 2010 年的 12%，到 2020 年增加到 20%，到 2050 年达到 50%，可再生能源发电量在整个电力消耗中从 1999 年的 14% 提高到 2010 年的 22%。美国现行的能源战略规划主要体现在 2005 年颁布的《国家能源政策法》中，到 2025 年，美国除水电外的可再生能源生产能力将达到 2000 年的两倍，其中生物质发电 4500 万 kW，光热发电 2000 万 kW，风力发电 1000 万 kW，光伏发电 300 万 kW。

我国的太阳能资源十分丰富，大多数地区年平均日辐射量在每平方米 4kW·h 以上，理论储量达每年 1.7 万亿 t 标准煤，太阳能资源开发利用的潜力非常广阔。全国太阳年辐射总量的分布如表 9-1 所示。

中国太阳能资源分布 表 9-1

类别	全年日照小时数/h	太阳辐射年总量 $(kJ \cdot m^{-2})$	主要区域
Ⅰ	3200~3300	$(6.7 \sim 8.4) \times 10^6$	宁夏北部、甘肃北部、新疆南部、青海西部、西藏西部
Ⅱ	3000~3200	$(5.9 \sim 6.7) \times 10^6$	河北西北部、山西北部、内蒙古、宁夏南部、甘肃中部、青海东部、西藏东南部

续表

类别	全年日照小时数/h	太阳辐射年总量 (kJ·m^{-2})	主要区域
III	2200～3000	(5.0～5.9)×10^6	山东、河南、河北东南部、山西南部、新疆北部、吉林、辽宁、云南、陕北、甘肃东南部、广东南部、海南、福建南部、江苏北部、安徽北部
IV	1400～2200	(4.2～5.0)×10^6	湖南、湖北、广西、江西、浙江、福建北部、广东北部、陕南、江苏南部、安徽南部、黑龙江
V	1000～1400	(3.4～4.2)×10^6	四川、贵州

注：太阳辐射年总量指一年之内水平面上太阳辐射强度的累积值；太阳辐射强度指单位时间内投射到单位面积上的太阳辐射能量。

由此可见，全国大多数地区太阳能资源比较丰富，全年日照小时数在2200h以上，太阳辐射年总量在$5.0×10^6$ kJ·m^{-2}以上，因此，若将这些太阳能资源有效应用于人民生活和生产中，可大大减轻常规能源的消耗，对于减少二氧化碳排放，保护生态环境，保证经济发展过程中能源的持续稳定供应都将起到至关重要的作用。因此，发展以太阳能为代表的绿色能源转化技术，符合社会可持续发展的主题。

9.1.2 太阳能利用技术

从能量转换方式来看，太阳能利用技术主要分为四类：太阳能光—热转换、太阳能光—电转换、太阳能光—生物能转换和太阳能光—化学转换。

1. 太阳能光—热转换

这种技术是利用吸收面吸收太阳辐射，然后将太阳能转换成热能，利用这种技术的系统有太阳能热水系统、太阳能房、太阳能干燥系统、太阳灶等。黑色吸收面的吸收性能好，但辐射热损失大，所以黑色吸收面不是理想的太阳能吸收面。选择性吸收面具有高的太阳吸收比和低的发射比，吸收太阳辐射的性能好，且辐射热损失小，是比较理想的太阳能吸收面。这种吸收面由选择性吸收材料制成，简称为选择性涂层。它是在20世纪40年代提出的，1955年达到实用要求，

70 年代以后研制成许多新型选择性涂层并进行批量生产和推广应用，目前已研制上百种选择性涂层。我国自 70 年代开始研制选择性涂层，取得了许多成果，并在太阳集热器上广泛使用，效果十分显著。

2. 太阳能光—电转换

电能是一种高品位能量，利用、传输和分配都比较方便。将太阳能转换为电能是大规模利用太阳能的重要技术基础，世界各国都十分重视，其转换途径很多，有光电直接转换、光热电间接转换等。这里重点介绍光电直接转换器件——太阳电池。世界上，1941 年出现有关硅太阳电池报道，1954 年研制成效率达 6% 的单晶硅太阳电池，1958 年太阳电池应用于卫星供电。在 70 年代以前，由于太阳电池效率低，售价昂贵，主要应用在空间。70 年代以后，对太阳电池材料、结构和工艺进行了广泛研究，在提高效率和降低成本方面取得较大进展，地面应用规模逐渐扩大，但从大规模利用太阳能而言，与常规发电相比，成本仍然大高。

目前，世界上太阳能电他的实验室效率最高水平为：单晶硅电池 24%，多晶硅电池 18.6%，InGaP/GaAs 双结电池 30.28%（AM1），非晶硅电池 14.5%（初始）、12.8%（稳定），碲化镉电池 15.8%，硅带电池 14.6%，二氧化钛有机纳米电池 10.96%。

我国于 1958 年开始太阳电池的研究，50 多年来取得不少成果。目前，我国太阳能电池的实验室效率最高水平为：单晶硅电池 20.4%（2cm×2cm），多晶硅电池 14.5%（2cm×2cm）、12%（10cm×10cm），GaAs 电池 20.1%（1cm×1cm），GaAs/Ge 电池 19.5%（AM0），CuInSe 电池 9%（1cm×1cm），多晶硅薄膜电池 13.6%（1cm×1cm，非活性硅衬底），非晶硅电池 8.6%（10cm×10cm）、7.9%（20cm×20cm）、6.2%（30cm×30cm），二氧化钛纳米有机电池 10%（1cm×1cm）。

3. 太阳能光—生物质能转换

通过植物的光合作用，太阳能把二氧化碳和水合成有机物（生物质能）并放出氧气。光合作用是地球上最大规模转换太阳能的过程，现代人类所用燃料是远古和当今光合作用固定的太阳能，目前，光合作用机理尚不完全清楚，能量转换效率一般只有百分之几，今后对其机理的研究具有重大的理论意义和实际意义。

4. 太阳能光—化学转换

光化学转换技术亦称光化学制氢转换技术，就是将太阳辐射能转化为氢的化学自由能，通称太阳能制氢，属于另一类太阳能利用途径。

前两者是常见的太阳能利用方式，其中太阳能光—热能转换利用技术是太阳能利用技术中效率最高、技术最成熟、经济效益最好的一种。

9.1.3 村镇住宅应用太阳能的必要性和可行性

我国有近 9 亿农民，村镇地区能耗对能源供求总量和能源结构有着重要影响。目前，南方地区农村大多采用燃煤炭取暖，能耗大且对生活环境产生极大的危害；北方地区很多农村地区尚无供暖设备，仅靠燃烧薪柴驱寒，过度砍伐加剧了水土流失、生态环境恶化。因此，从节能和环保角度考虑，合理开发利用农村可再生能源，加强农村能源生态工程建设，在新农村建设中具有重要的现实意义。

农村住宅相对分散、密度低，不宜采用投资大、维护水平高的集中供暖模式。太阳能作为一种可再生的清洁能源，无需开采和输运，方便安全，必将成为人类的主要能源之一，其低廉、安全、环保等特点符合新农村建设的客观要求。我国北方地区大多处于太阳能丰富的二类地区，空气透明度高，辐照量足，这为在农村推广太阳能供暖技术提供了重要依据。

目前，太阳能光—热转换和太阳能光—电转换技术比较成熟，应用比较广泛，其中，在太阳能光—热转换方面，太阳能热水器市场有着突飞猛进的发展，增长率高达 20%～30%。在太阳能光—电转换方面，我国对太阳能电池的研究起步于 1958 年，20 世纪 80 年来末期，国内先后引进了多条太阳能电池生产线，在技术方面提供了保障，使我国太阳能电池生产能力有了很大提升。

我国政府对太阳能产业也给予了充分的扶持。2006 年 1 月，《中华人民共和国可再生能源法》正式实施，此法在资源调查与发展规划、产业指导与技术支持、推广与应用、价格管理与费用分摊、经济激励与监督措施、法律责任等方面做出了规定。随后，国家又陆续出台了《可再生能源发展专项资金管理暂行办法》、《可再生能源建筑应用专项资金管理暂行办法》等支持可再生能源发展的实施细则，使国家在可再生能源领域方面的扶持政策日趋明朗化。这一系列法律、政策无疑有力地支持了我国太阳能产业的发展。同时，一系列太阳能方面规范、规程，对太阳能技术在设计、施工、验收等方面提出了要求，使太阳能技术的应用达到规范化、标准化、节约化，为太阳能资源的合理应用提供了保障。

9.2   太阳能热水系统

新农村建设的步伐不断加快，农村城镇化水平越来越高，太阳能热水器市场已经从城市转向村镇地区。以低层建筑为主的广大村镇地区为我国太阳能市场的发展提供了一个巨大的空间。

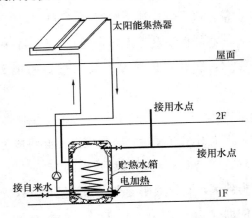

太阳能热水系统一般由太阳能集热器、贮热水箱、系统管路（包括循环管路和取水管路，其中循环管路指的是太阳能集热器和贮热水箱之间的管路，取水管路为用户从贮热水箱取水的管路）及控制系统构成，如图9-1所示。

图 9-1   太阳能热水系统组成

9.2.1   太阳能集热器

集热器是太阳能热水系统接收太阳能量并转换为热能的核心部件和技术关键，其造价约占太阳能热水器总造价的50%左右。以下就集热器的位置设置和面积确定进行说明。

1. 太阳能集热器设置在平屋面上，应符合下列要求：

（1）对朝向为正南、南偏东或南偏西不大于30°的建筑，集热器可朝南设置，或与建筑同向设置；

（2）对朝向南偏东或南偏西大于30°的建筑，集热器宜朝南设置或南偏东、南偏西小于30°设置；

（3）对受条件限制、集热器不能朝南设置的建筑，集热器可朝南偏东、南偏西或朝东、朝西设置；

（4）水平放置的集热器可不受朝向的限制；

（5）集热器应便于拆装移动；

（6）集热器与遮光物或集热器前后排间的最小距离计算；

（7）集热器可通过并联、串联和串并联等方式连接成集热器组，并应符合下列要求：

1）对自然循环系统，集热器组中集热器的连接宜采用并联。平板型集热器的每排并联数目不宜超过 16 个；

2）全玻璃真空管东西向放置的集热器，在同一斜面上多层布置时，串联的集热器不宜超过 3 个（每个集热器联集箱长度不大于 2m）；

3）对自然循环系统，每个系统全部集热器的数目不宜超过 24 个。大面积自然循环系统，可分成若干个子系统，每个子系统中并联集热器数目不宜超过 24 个；

4）集热器之间的连接应使每个集热器的传热介质流入路径与回流路径的长度相同。

（8）在平屋面上宜设置集热器检修通道。

2. 太阳能集热器设置在坡屋面上，应符合下列要求：

（1）集热器可设置在南向、南偏东、南偏西或朝东、朝西建筑坡屋面上；

（2）坡屋面上的集热器应采用顺坡嵌入设置或顺坡架空设置；

（3）作为屋面板的集热器应安装在建筑承重结构上；

（4）作为屋面板的集热器所构成的建筑坡屋面在刚度、强度、热工、锚固、防护功能上应按建筑围护结构设计。

3. 太阳能集热器设置在阳台上，应符合下列要求：

（1）对朝南、南偏东、南偏西或朝东、朝西的阳台，集热器可设置在阳台栏板上或构成阳台栏板；

（2）低纬度地区设置在阳台栏板上的集热器和构成阳台栏板的集热器应有适当的倾角；

（3）构成阳台栏板的集热器，在刚度、强度、高度、锚固和防护功能上应满足建筑设计要求。

4. 太阳能集热器设置在墙面上，应符合下列要求：

（1）在高纬度地区，集热器可设置在建筑的朝南、南偏东、南偏西或朝东、朝西的墙面上，或直接构成建筑墙面；

（2）在低纬度地区，集热器可设置在建筑南偏东、南偏西或朝东、朝西墙面上，或直接构成建筑墙面；

（3）构成建筑墙面的集热器，其刚度、强度、热工、锚固、防护功能应满足建筑围护结构设计要求。

5. 系统集热器总面积计算宜符合下列规定：

（1）直接式系统集热器总面积可根据用户的每日用水量和用水温度确定：

$$A_c = Q_w C_w (t_{end} - t_i) f / [J_T \times \eta_{cd} (1 - \eta_L)] \qquad (9\text{-}1)$$

式中 A_c——直接系统集热器采光面积，m^2；

Q_w——日均用水量，kg；

C_w——水的定压比热容，kJ/(kg·℃)；

t_{end}——贮水箱内水的终止温度，℃；

t_i——水的初始温度，℃；

J_T——当地集热器采光面上年平均日太阳辐照量，kJ/m^2；

f——太阳能保证率，%；根据系统使用期内的太阳辐射、系统经济性及用户要求等因素综合考虑后确定，一般在30%～80%内；

η_{cd}——集热器年平均集热效率；根据经验值取0.25～0.50；

η_L——贮水箱及管路热损失率；根据经验值取0.20～0.30。

（2）集热器总面积有下列情况，可按补偿方式确定，但补偿面积不得超过《民用建筑太阳能热水系统应用技术规范》GB 50364—2005 第4.4.2条计算结果的1倍：

1）集热器朝向受条件限制，南偏东、南偏西或向东、向西时；

2）集热器在坡屋面上受条件限制，倾角与《民用建筑太阳能热水系统应用技术规范》GB 50364—2005 第4.4.3条规定偏差较大时；

3）当按《民用建筑太阳能热水系统应用技术规范》GB 50364—2005 第4.4.2条计算得到系统集热器总面积，在建筑围护结构表面不够安装时，可按围护结构表面最大容许安装面积确定系统集热器总面积。

6. 集热器倾角应与当地纬度一致；如系统侧重在夏季使用，其倾角宜为当地纬度减去10°；如系统侧重在冬季使用，其倾角宜为当地纬度加上10°；全玻璃真空管东西向水平放置的集热器倾角可适当减少。

7. 集热器的热性能应满足相关太阳能产品国家现行标准和设计的要求，其中，平板型集热器的技术性能等检测要求应满足标准《平板型太阳能集热器》GB/T 6424—2007；全玻璃真空太阳集热管的技术性能等检测要求应满足标准《全玻璃真空太阳集热管》GB/T 17049—2005。

9.2.2 贮热水箱

在太阳能热水系统中，贮热水箱是用于储存由太阳能集热器产生的热量，也称为储水箱。

贮热水箱按外形分为方形、扁盒形、圆柱形、球形水箱；按放置方法分为立式和卧式两种；按耐压状态分有常压的开式水箱和耐压的闭式水箱；按是否有辅助热源可分为普通水箱和具有辅助热源的水箱；按换热方式不同可分为直接换热水箱和二次换热的间接热交换水箱。

贮热水箱所用材料通常为防腐处理钢板或搪瓷、镀锌钢板、防锈铝板、不锈钢板等，保温效果则完全取决于保温材料的种类和保温材料的厚度及密度。

根据《太阳热水系统设计、安装及工程验收技术规范》GB/T 18713—2002要求，贮热水箱的容量应与日均用水量相适应；大面积太阳热水系统的贮热水箱一般为常压水箱，水箱应有足够的强度和刚度；在贮热水箱的适当位置应设有通气口、溢流口、排污口和必要的人孔（一般大于3吨的水箱）；贮热水箱应满足防腐要求，保持水质清洁；为了减少热量损失，贮热水箱上应设有保温层，其保温设计应按《设备及管道绝热设计导则》GB/T 8175—2008的规定进行。

9.2.3 系统管路设计

太阳能热水系统的循环管路和取水管路设计应符合下列要求：

1. 为了便于排气，保证集热器水系统的正常运行，集热器循环管路应有0.3%~0.5%的坡度；

2. 在自然循环系统中，应使循环管路朝贮热水箱方向有向上坡度，不得有反坡；

3. 在有水回流的防冻系统中，管路的坡度应使系统中的水自动回流，不应积存；

4. 在循环管路中，易发生气塞的位置应设有吸气阀；当采用防冻液作为传热工质时，宜使用手动排气阀。需要排空和防冻回流的系统应设有吸气阀；在系统各回路及系统需要防冻排空部分的管路的最低点及易积存的位置应设有泄水阀；

5. 在强迫循环系统的管路上，宜设有防止传热工质夜间倒流散热的单向阀；

6. 当集热器阵列为多排或多层集热器组并联时，每排或每层集热器组的进出口管道，应设辅助阀门；

7. 设在贮热水箱中的浮球阀应采用金属或耐温高于100℃的其他材质，浮球阀的通径应能满足取水流量的要求；

8. 直流式系统应采用落水法取热水；

9. 各种热水管路系统应按1.0m/s的设计流速选取管径。

9.2.4 系统安装要求

1. 根据相关要求，太阳能热水系统安装前应具备下列条件：

（1）设备文件齐备；

（2）施工组织设计及施工方案已经批准；

（3）施工场地符合施工组织设计要求；

（4）现场水、电、场地、道路等条件能满足正常施工要求；

（5）预留基座、孔洞、预埋件和设施符合设计图纸，并已验收合格；

（6）既有建筑结构复核或法定检测机构同意安装太阳能热水系统的鉴定文件。

2. 热水系统的正确安装应包括以下内容，即安装位置的选择和确定、管道的走向、采用何种取水方法、水位控制方法的选择等问题。

（1）采光是否好，要避免树木及建筑物的遮挡；

（2）房屋建筑的承重如何？是否便于安装和固定；

（3）安装地点到浴室的距离应越短越好，而且还要便于管道的安装；

（4）便于热水器的维修；

（5）必须充分考虑住宅内自来水压力的大小及稳定情况。以平房为例，如果有自来水，热水器可以安装在房顶；没有自来水，只能安装在大院内，但必须选择一个没有阴影的地方；

（6）关于热水器管道的走向，根据住宅建筑的具体情况而定；

若是新建房屋，可选用钢管，管外加以保温，然后埋入墙体内。若是旧住宅，如果采用塑料管，因管子要横穿房间，中间不应有接头，以免发生漏水现象。在我国北方由于冬季天气寒冷，普通塑料管受冻易脆裂，一般只能使用1～2年，若采用红泥塑料管则使用寿命可超过3～4年；

（7）集热器安装方面的其他要求详见《民用太阳热水系统应用技术规范》GB 50364—2005和《太阳热水系统设计、安装及工程验收技术规范》GB/T 18713—2002。

9.2.5 安全隐患及管理维护

太阳能热水系统具有节能、经济、环保的优势，相对于燃气和电热水器，最大的优点就是安全和环保。但有关资料显示，其使用过程中存在的安全隐患不容忽视，例如有些集热器容易破碎，因此在安装使用时，要具有一定的维护常识。

1. 安全隐患

（1）产品质量不合格造成的隐患

目前国内的生产企业众多，鱼龙混杂，已造成市场竞争的无序化；为解决连阴天用水而推出的光电互补热水供应系统，在使用中存在着诸多安全问题。

（2）安装不当造成的隐患

事实上太阳能热水系统造成的事故大多由此引发。如未采取科学有效的防雷安全措施，导致热水器和家用电器烧毁；在安装时破坏了屋顶的防水层面，导致房屋漏水；重量过大，超出了房屋的承重能力等。

（3）使用及维护不当造成的隐患

特别是带有辅助热源的热水系统，因水管和电线都是悬浮于墙体外面，管道保温效果差，冬天易冻结堵塞管道，甚至造成管道冻裂，电线遭受风吹雨淋，易老化漏电出现事故。

2. 管理维护

（1）太阳能热水器都是安装在室外，因此热水器在屋顶上要安装稳固，以抵御大风的侵袭。

（2）在北方的冬季，热水器管道必须进行保温处理和防冻处理，防止冻裂水管。

（3）大多数水箱设计为不承压式结构，水箱顶部溢流口和排气口绝不能堵塞，否则会因水箱水压过大而造成水箱破裂。

（4）自来水压力过高时，上水时要关小阀门，否则会因来不及泄水而出现水箱胀裂的情况。真空管空晒温度可达200℃以上，不能在烈日下上水，否则会造成玻璃管破裂，最好是在清晨、夜晚或遮挡集热器一小时后再上水。

（5）真空管热水器水温可达70～90℃，平板热水器最高温度可达60～70℃，洗浴时要进行冷热水调节，先放冷水后放热水，以免烫伤。

（6）每年都应检查一次水箱是否漏水，零部件是否老化，集热器是否损坏，支架是否生锈等，发现问题及时更换和修补，最好是由专业安装维护人员完成。

9.3　主动式太阳房

太阳能房是利用太阳辐射能量来代替部分常规能源，使室内达到一定环境温度或者是给室内的用电器设备供电一种装置，分为主动式和被动式两大类。主动式太阳房需要专门的太阳能集热器、贮热装置、泵或风机等设施，而被动式太阳房是利用建筑本身的结构进行集热的，投入性低。一般来说，主动式太阳房能够较好地满足用户的生活要求，可以保证室内供暖和供热水，甚至制冷空调，但一次性投资大，技术复杂而且仍然要耗费一定量常规能源。

9.3.1　结构组成

主动式太阳房是以太阳能集热器、管道、散热器、泵或风机以及贮热装置等组成的强制循环太阳能供暖系统，或者是上述设备与吸收式制冷机组成的太阳能空调系统。主动式太阳房的结构示意图如图9-2所示。

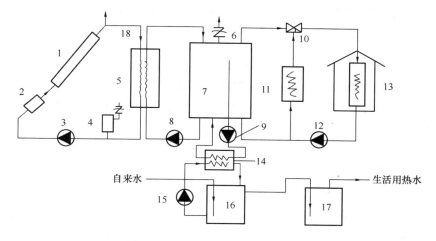

图 9-2　主动式太阳房的结构示意图

1—集热器；2—过滤器；3、8、9、12、15—循环泵；4—贮存器；5—换热器；

6—减压阀；7—贮热水箱；10—电动阀；11—辅助热源；13—散热器；14—热

水热交换器；16—预热水箱；17—辅助加热水箱；18—排气阀

9.3.2　工作原理

如图 9-2 所示，该系统可分为 3 个循环回路：

1. 集热回路

主要包括集热器、贮热水箱、换热器、过滤器、循环泵等部件。在该回路中采用差动控制，使用两个温度传感器和一个差动控制器，其中一个温度传感器（热敏电阻或热电偶）安装在吸热板接近传热介质出口处；另一个温度传感器安装在贮热水箱底部，当第一个传感器温度大于第二个传感器 5~10℃时，集热泵 3 开启。在这种情况下流体进入集热器，收集热量后经换热器传热给贮热水箱；相反，当贮热水箱出口温度与集热器吸热板温度相差 1~2℃时集热泵关闭。夏天，用来加热水的有效太阳能量可能超过热水用量，在这种情况下，太阳能系统中的水温可能超过沸点，因此系统应设置温控装置，当贮热水箱的温度超过一定限度时，集热循环泵会自动关闭。

2. 供暖回路

主要包括贮热水箱、散热器、辅助热源、电动阀等部件。供暖回路是指供暖房间中热媒的循环回路，自动控制一般使用两个温度传感器和一个差动控制器，其中一个是温度传感器置于贮热水箱供暖回路出口附近，同时室内设置温度敏感元件测量室温，当室内温度降低时，若贮热水箱温度很高并达到一定的数值，辅助加热器关闭，由贮热水箱提供热量；另一个温度传感器安装在供暖回路的回水管道中，若室内温度继续下降，且第一个传感器读出的温度低于第二个时，即贮热水箱的热量不能满足负荷要求，电动阀切断贮热水箱与系统的联系，使其脱离循环，这时由辅助加热器供暖。

3．生活用热水回路

主要包括热水热交换器、预热水箱、辅助加热水箱、泵等部件。自来水经换热器后进入预热水箱，经预热后的水从预热水箱顶部循环到辅助加热水箱中，在辅助加热水箱内水温上升到所希望的温度，供房间各处使用。任何家用热水系统都必须使用调温阀或其他方法，以确保输送的热水温度不会过高，输送水温度一般在 50～60℃范围内。

9.3.3　集热器位置设置、设计要求

1．太阳能集热器的设置应符合下列规定

（1）太阳能集热器宜朝向正南，或南偏东、偏西 30°的朝向范围内设置；安装倾角宜选择在当地纬度±10°的范围内；受实际条件限制时，可以超出范围，但应进行面积补偿，合理增加集热器面积，并进行经济效益分析。

（2）放置在建筑外围护结构上的太阳能集热器，在冬至日集热器采光面上的日照时数应保证不少于 4h，前、后排集热器之间应留有安装、维护操作的足够间距，排列整齐有序。

（3）某一时刻太阳能集热器不被前方障碍物遮挡阳光的日照间距应按下式计算：

$$D = H \times \coth \times \cos\gamma_0 \tag{9-2}$$

式中　　D——日照间距，m；

　　　　H——前方障碍物的高度，m；

　　　　h——计算时刻的太阳高度角，°；

　　　　γ_0——计算时刻太阳光线在水平面上的投影线与集热器表面法线在水平面上的投影线之间的夹角，°。

（4）太阳能集热器不得跨越建筑变形缝设置。

2. 太阳能集热系统设计应符合下列基本规定

（1）建筑物上安装太阳能集热系统，不得降低相邻建筑物的日照标准。

（2）太阳能集热系统夏季应有防过热安全技术措施，并应具有与适用地区冬季最低环境温度匹配的安全防冻措施。

（3）直接式太阳能集热系统宜在冬季环境温度较高，防冻要求不严格的地区使用；冬季环境温度较低的地区，宜采用间接式太阳能集热系统。

（4）太阳能集热系统的循环管道应选用耐腐蚀和安装连接方便可靠的管材。可采用薄壁铜管、薄壁不锈钢管、塑料和金属复合热水管等。

3. 集热器总面积的确定

（1）直接式系统太阳能集热器总面积应按下式计算：

$$A_{\rm C} = \frac{86400 Q_{\rm H} f}{J_{\rm T} \eta_{\rm cd} (1 - \eta_{\rm L})} \tag{9-3}$$

式中　$A_{\rm C}$——直接式太阳能供热供暖系统总面积，$\rm m^2$；

　　　$Q_{\rm H}$——建筑物耗热量，W；

　　　f——太阳能保证率，一般取值为（0.3～0.8）；

　　　$J_{\rm T}$——当地集热器采光面上的供暖期平均日太阳辐照量，$\rm J/(m^2 \cdot d)$；

　　　$\eta_{\rm cd}$——系统使用期的平均集热效率，一般取值（0.25～0.5）；

　　　$\eta_{\rm L}$——管路及贮热装置热损失率，，一般取值（0.2～0.3）。

（2）间接式系统太阳能集热器总面积应按下式计算：

$$A_{\rm IN} = A_{\rm C} \cdot \left(1 + \frac{U_{\rm L} \cdot A_{\rm C}}{U_{\rm hx} \cdot A_{\rm hx}} \right) \tag{9-4}$$

式中　$A_{\rm IN}$——间接式系统集热器总面积，$\rm m^2$；

　　　$A_{\rm C}$——直接式系统集热器总面积，$\rm m^2$；

　　　$U_{\rm L}$——集热器总热损系数，$\rm W/(m^2 \cdot ℃)$，测试得出；

　　　$U_{\rm hx}$——换热器传热系数，$\rm W/(m^2 \cdot ℃)$，查产品样本得出；

　　　$A_{\rm hx}$——间接式系统换热器换热面积，$\rm m^2$。

4. 太阳能集热系统的设计流量应按下式计算

$$G_{\rm S} = gA \tag{9-5}$$

式中 G_S——太阳能集热系统的设计流量，m^3/h；

　　　　g——太阳能集热器的单位面积流量，$m^3/(h \cdot m^2)$；

　　　　A——太阳能集热器的采光面积，m^2。

5. 太阳能集热系统的防冻设计应符合下列规定：

（1）在冬季室外环境温度可能低于0℃的地区，应进行太阳能集热系统的防冻设计；

（2）太阳能集热系统采用的防冻措施宜根据集热系统类型、使用地区，执行《太阳能供热供暖工程技术规范》GB 50495—2009 相关规定；

（3）太阳能集热系统的防冻措施应采用自动控制运行工作。

9.3.4　贮热水箱设计要求

太阳能贮热水箱是集热器和末端供暖或热水用点之间的连接装置，用来收集和存储集热器产生的热水，并将热水热量传递给末端。

1. 贮热水箱容积的确定

太阳能供热系统贮热水箱一般根据太阳能集热器面积选配，如表 9-2 所示。

各类系统贮热水箱的容积选择范围　　　　　　　　　　　　　表 9-2

系统类型	小型太阳能供热水系统	短期蓄热太阳能供热供暖系统	季节蓄热太阳能供热供暖系统
每平方米太阳能集热器贮热水箱容积（L/m²）	40～100	50～150	1400～2100

例如，对于小型太阳能供热水系统，若太阳能集热器为5m²，则所需贮热水箱容积为200～500m³。

2. 贮热水箱的设计应符合下列规定：

（1）应合理布置太阳能集热系统、生活热水系统、供暖系统与贮热水箱的连接管位置，实现不同温度供热/换热需求，提高系统效率；

（2）为保证贮热水箱的水温分层，水箱进、出口处流速宜小于 0.04 m/s，必要时宜采用水流分布器；

（3）贮热水箱宜采用外保温，其保温设计应符合国家现行标准《供暖通风与空气调节设计规范》GB 50019—2003 及《设备及管道绝热设计导则》GB/T 8175—2008 的规定；

（4）水箱容量大于 3t 时，设置人孔；

（5）水箱高度大于等于 1500mm 时，设置内、外人梯；水箱高于 1800mm 时，如设置玻璃管液面计，应设两组，其塔设长度为 70～200mm；

（6）太阳能集中系统贮热水箱的水位控制应考虑保持一定的安全容积，高水位应低于溢水口不少于 100mm，低水位应高于设计最低水位不小于 200mm。

9.3.5 换热器面积设置

间接式太阳能系统以太阳能集热器为热源，通过换热器换热加热贮热水箱中的水，换热器一般属于间壁式换热器，换热面积按下式计算：

$$A_{hx} = \frac{Q_X}{\varepsilon U_{hx} \cdot \Delta t_j} \tag{9-6}$$

式中　A_{hx}——换热面积，m^2；

　　Q_X——太阳能集热系统与水箱的换热量，W；

　　ε——换热器结垢修正系数，一般取 0.6～0.8；

　　U_{hx}——换热器的传热系数，$W/(m^2 \cdot ℃)$；

　　Δt_j——换热器设计计算温差，一般取 5～10℃。

9.3.6 控制系统设计

太阳能供暖回路控制比较复杂，我们把它分为系统上（补）水控制、集热回路控制、供暖回路控制、辅助热源控制、防冻保护控制、防过热控制。

1. 系统上（补）水控制

贮热水箱和热水水箱安装水位传感器，设上下水位，当水位低于下水位时启动补水阀补水，当水位高于上水位时补水阀自动关闭。

2. 集热回路控制

集热回路控制采用温差控制方法，是比较集热器特征温度（集热器出口水温）和贮热水箱特征温度（贮热水箱底部水温）作为控制信号控制系统循环热水泵实现系统自动运行。

3. 供暖回路控制

通常采用阈值控制方法，在室内特征温度处设置一个温度传感器测量室温；在主贮热水箱顶部设置一个温度传感器测量主贮热水箱顶部水温，此两温度作为阈值信号控制系统循环热水泵的运行。

4. 辅助热源控制

在水箱底部设置温度传感器，由其测量的温度信号控制辅助热源的启停及回路中管道阀门的开闭。

5. 防冻保护控制

当暴露在外的系统集热器及管道温度低于 0℃时，会由于其内部水结冰体积膨胀而损坏，防冻措施主要是在循环热水泵停运后再采用排空集热器及管道中残留水的方法，也可在集热回路中利用防冻液作为工质的方法。

6. 防过热控制

采用回流排空方法，由贮热水箱中顶部温度传感器发送的温度信号来控制循环热水泵的启停及排气阀的开闭，在过热时让集热器处于空晒状态达到防过热目的。

7. 太阳能供热供暖系统的自动控制设计应符合下列基本规定：

(1) 自动控制系统中使用的温度传感器，精度在 ± 0.5℃以内。

(2) 太阳能集热系统宜采用温差控制。在集热系统工质出口和贮热装置底部分别设置温度传感器 S1 和 S2，当二者温差大于设定值（宜取 $5 \sim 10$℃）时，通过控制器启动循环泵，系统运行，将热量从集热系统传输到贮热装置；当二者温差小于设定值（宜取 $2 \sim 5$℃）时，循环泵关闭，系统停止运行。

(3) 太阳能集热系统和辅助热源加热设备的相互工作切换宜采用定温控制。在贮热装置内的供热介质出口处设置温度传感器，当介质温度低于"设计供热温度"时，通过控制器启动辅助热源加热设备工作，介质温度高于"设计供热温度"后，控制辅助热源加热设备停止工作。

(4) 使用排空和排回防冻措施的直接和间接式太阳能集热系统宜采用定温控制。当太阳能集热系统出口水温低于设定的防冻执行温度时，通过控制器启闭相关阀门完全排空集热系统中的水或将水排回贮热水箱。

(5) 使用循环防冻措施的直接式太阳能集热系统宜采用定温控制。当太阳能集热系统出口水温低于设定的防冻执行温度时，通过控制器启动循环泵进行防冻循环。

（6）水箱防过热温度传感器应设置在贮热水箱顶部，防过热执行温度应设定在80℃以内；系统防过热温度传感器应设置在集热系统出口，防过热执行温度的设定范围应与系统的运行工况和部件的耐热能力相匹配。

（7）为防止因系统过热造成运行故障或安全隐患而设置的安全阀应位置适当，并配备相应措施，保证在进行泄压时，排出的高温蒸汽和水不会危及周围人员的安全；其设定的开启压力，应与系统可耐受的最高工作温度对应的饱和蒸汽压力相一致。

9.3.7 末端供暖系统设计

1. 液态工质集热器太阳能供热供暖系统可采用低温热水地板辐射、水—空气处理设备和散热器等末端供暖系统。常采用低温热水地板辐射供暖系统。

2. 太阳能供热供暖系统的末端供暖系统设计应符合国家现行标准《供暖通风与空气调节设计规范》GB 50019—2003 和行业标准《辐射供暖供冷技术规程》JGJ 142—2012 的规定。

9.3.8 太阳能供热供暖工程施工

1. 一般规定

（1）太阳能供热供暖系统的施工安装不得破坏建筑物的结构、屋面、地面防水层和附属设施，不得削弱建筑物在寿命期内承受荷载的能力。

（2）太阳能供热供暖系统连接管线、部件、阀门等配件选用的材料应能耐受系统可达到的最高工作温度和工作压力。

2. 太阳能集热系统施工

（1）太阳能集热器的安装方位应符合设计要求并使用罗盘仪定位。

（2）太阳能集热器的相互连接以及真空管与联箱的密封应按照产品设计的连接和密封方式安装，具体操作应严格按产品说明书进行。

（3）安装在平屋面专用基础上的太阳能集热器，应按照设计要求保证基础的强度，基座与建筑主体结构应牢固连接；应做好防水处理，防水制作应符合现行国家标准《屋面工程质量验收规范》GB 50207—2012 的规定要求。

（4）埋设在坡屋面结构层的预埋件应在结构层施工时同时埋入，并按设计要求准确定位。预埋件应做防腐处理，在太阳能集热系统安装前应妥善保护。

（5）带支架安装的太阳能集热器，其支架强度、抗风能力、防腐处理和热补偿措施等应符合设计要求或国家现行标准的规定。

（6）太阳能集热系统管线穿过屋面、露台时，应预埋防水套管。

（7）太阳能集热系统的管道防腐应符合现行国家标准《建筑给水排水及供暖工程施工质量验收规范》GB 50242—2002、《通风与空调工程施工质量验收规范》GB 50243—2002 的规定。

3. 太阳能贮热系统施工

（1）用于制作贮热水箱的材质、规格应符合设计要求；钢板焊接的贮热水箱，水箱内、外壁应按设计要求作防腐处理，内壁防腐涂料应卫生、无毒、能长期耐受所贮存热水的最高温度。

（2）贮热水箱制作应符合相关标准的规定；贮热水箱保温应在水箱检漏试验合格后进行，保温制作应符合现行国家标准《工业设备及管道绝热工程质量检验评定标准》GB 50185—2010 的规定；贮热水箱内箱应做接地处理，接地应符合现行国家标准《电气装置安装工程接地装置施工及验收规范》GB 50169—2006 的规定。

（3）贮热水箱和支架间应有隔热垫，不宜直接刚性连接。

（4）太阳能蓄热系统的管道施工安装应符合现行国家标准《建筑给水排水及供暖工程施工质量验收规范》GB 50242—2002、《通风与空调工程施工质量验收规范》GB 50243—2002 的规定。

4. 控制系统施工

（1）系统的电缆线路施工和电气设施的安装应符合现行国家标准《电气装置安装工程电缆线路施工及验收规范》GB 50168—2006 和《建筑电气工程施工质量验收规范》GB 50303—2002 的相关规定。

（2）系统中全部电气设备和与电气设备相连接的金属部件应做接地处理。电气接地装置的施工应符合现行国家标准《电气装置安装工程接地装置施工及验收规范》GB 50169—2006 的规定。

5. 末端供暖系统施工

（1）末端供暖系统的施工安装应符合现行国家标准《建筑给水排水及供暖工程施工质量验收规范》GB 50242—2002、《通风与空调工程施工质量验收规范》GB 50243—2002 的相关规定。

（2）低温热水地板辐射供暖系统的施工安装应符合现行行业标准《地面辐射供暖技术规程》JGJ 142—2012 的相关规定。

9.3.9 太阳能供热供暖工程的调试

系统调试应包括设备单机、部件调试和系统联动调试。系统联动调试应按照实际运行工况进行，联动调试完成后，应连续试运行 3 天。

太阳能供热供暖工程系统的联动调试，应在设备单机、部件调试和试运转合格后进行。

1. 设备单机、部件调试应包括下列内容

（1）检查水泵安装方向；

（2）检查电磁阀安装方向；

（3）温度、温差、水位、流量等仪表显示正常；

（4）电气控制系统应达到设计要求功能，动作准确；

（5）剩余电流保护装置动作准确可靠；

（6）防冻、过热保护装置工作正常；

（7）各种阀门开启灵活，密封严密；

（8）辅助能源加热设备工作正常，加热能力达到设计要求。

2. 系统联动调试应包括下列内容

（1）调整系统各个分支回路的调节阀门，使各回路流量平衡，达到设计流量；

（2）调试辅助热源加热设备与太阳能集热系统的工作切换，达到设计要求；

（3）调整电磁阀使阀前阀后压力处于设计要求的压力范围内。

3. 系统联动调试后的运行参数应符合下列规定

（1）额定工况下供热供暖系统的流量和供热水温度的调试结果与设计值的偏差不应大于现行国家标准《通风与空调工程施工质量验收规范》GB 50243—2002 的相关规定。

（2）额定工况下太阳能集热系统的流量与设计值的偏差不应大于 10%。

（3）额定工况下太阳能集热系统进出口工质的温差应符合设计要求。

9.4　被动式太阳房

被动式太阳房是通过建筑朝向和周围环境合理布置，内部空间和外表形体的巧妙处理，以及建筑材料和结构、构造的恰当选择，使其在冬季采集、保持、贮存和分配太阳能，从而解决建筑物供暖问题。同时，在夏季又能遮蔽太阳能辐射，散逸室内热量，从而使建筑物降温，达到冬暖夏凉的目的。

9.4.1　结构和分类

被动式太阳房最大的优点是构造简单，造价低廉，维护管理方便。但是，被动式太阳房也有其缺点，主要是室内温度波动较大，舒适度差，在夜晚、室外温度较低或连续阴天时需要辅助热源来维持室温。

集热、蓄热、保温是被动式太阳房建设的三要素，缺一不可。被动式太阳房按集热形式可分为 5 类：直接受益式、集热蓄热墙式、附加阳光间式、蓄热屋顶式和对流环路式。

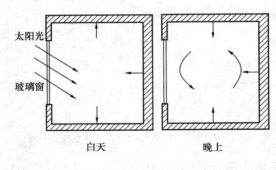

图 9-3　直接受益式太阳能房

1. 直接受益式

直接受益式是被动式太阳房中最简单也是最常用的一种，如图 9-3 所示。它是利用南窗直接接受太阳能辐射。太阳辐射通过窗户直接照射到室内地面、墙壁及其他物体上，使它们表面温度升高，通过自然对流换热，用部分能量加热室内空气，另一部分能量则贮存在地面、墙壁等物体内部，使室内温度维持在一定水平。直接受益式系统中的南窗在有太阳辐射时起着收集太阳辐射能的作用，而在无太阳辐射的时候则成为散热表面，因此在直接受益系统中，南窗尽量加大的同时，应配置有效的保温隔热措施，如保温窗帘等。由于直接受益式太阳房热效率较高，但室温波动较大，因此，使用于白天要求升温快的房间或只是白天使用的房间，如教室、办公室、住宅的起居室等。如果窗户有较好的保温措施，也可以用于住宅的卧室等房间。

2. 集热蓄热墙式

集热蓄热墙式被动式太阳房是间接式太阳能供暖系统，如图9-4所示。阳光首先照射到深色贮热墙体上，然后向室内供热。采用集热蓄热墙式被动式太阳房室内温度波动小，居住舒适，但热效率较低，玻璃夹层中间容易积灰，不好清理，影响集热效果，且立面涂黑不太美观，推广有一定的局限性。

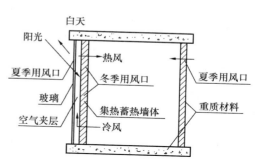

图 9-4 集热蓄热墙式太阳能房

3. 附加阳光间式

附加阳光间式被动式太阳房是集热蓄热墙系统的一种发展，将玻璃与墙之间的空气夹层加宽，形成一个可以使用的空间——附加阳光间，如图9-5所示。这种系统其前部阳光间的工作原理和直接受益式系统相同，后部房间的供暖方式则雷同于集热蓄热墙式。

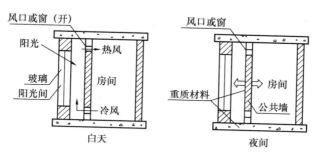

图 9-5 附加阳光间式太阳能房

4. 蓄热屋顶式和对流环路式，这两种形式目前国内采用极少。

9.4.2 太阳房设计

按照《被动式太阳房技术条件和热性能测试方法》GB/T 15405—2006 的规

定，建筑总体应满足下列要求：

（1）被动式太阳房应注意建筑造型美观大方，并符合经济适用的原则。

（2）建筑朝向：被动式太阳房平面布置为正南向，因周围地形的限制和使用习惯，允许偏离正南向±15°以内，校舍、办公用房一般只允许偏东15°以内。

（3）建筑间距：冬季供暖期间，在 9 时至 15 时对集热面的遮挡不超过 15%。

1. 供暖

（1）建筑供暖方式应根据《被动式太阳能建筑技术规范》JGJ/T 267—2012 的规定，不同供暖气候分区（表 9-3）选取不同的建筑供暖方式（表 9-4）。

被动式太阳能供暖气候分区　　　　　　　表 9-3

被动太阳能供暖气候分区		南向辐射温差比 [W/(m²·℃)]	南向垂直太阳辐照度 I(W/m²)	典型城市
最佳气候区	A区(SHⅠa)	ITR≥8	I≥160	拉萨、日喀则、稻城、小金、理塘、得荣、昌都、巴塘
	B区(SHⅠb)	ITR≥8	60≤I<160	昆明、大理、西昌、会理、木里、林芝、马尔康、九龙、道孚、德格
适宜气候区	A区(SHⅡa)	6≤ITR<8	I≥120	西宁、银川、格尔木、哈密、民勤、敦煌、甘孜、松潘、阿坝、若尔盖
	B区(SHⅡb)	6≤ITR<8	60≤I<120	康定、阳泉、昭觉、昭通
	C区(SHⅡc)	4≤ITR<6	I≥60	北京、天津、石家庄、太原、呼和浩特、长春、上海、济南、西安、兰州、青岛、郑州、张家口、吐鲁番、安康、伊宁、民和、大同、锦州、保定、承德、唐山、大连、洛阳、日照、徐州、宝鸡、开封、玉树、齐齐哈尔
可利用气候区(SHⅢ)		3≤ITR<4	I≥60	乌鲁木齐、沈阳、吉林、武汉、长沙、南京、杭州、合肥、南昌、延安、商丘、邢台、淄博、泰安、海拉尔、克拉玛依、鹤岗、天水、安阳、通化
一般气候区(SHⅣ)		ITR≤3	—	成都、重庆、贵阳、绵阳、遂宁、南充、达县、泸州、南阳、遵义、岳阳、信阳、吉首、常德
		—	I<60	

建筑供暖方式   表 9-4

被动式太阳能建筑供暖气候分区		推荐选用的单项或组合式供暖方式
最佳气候区	A区	集热蓄热墙式、附加阳光间式、直接受益式、对流回路式、蓄热屋顶式
	B区	集热蓄热墙式、附加阳光间式、对流环路式、蓄热屋顶式
适宜气候区	A区	直接受益式、集热蓄热墙式、附加阳光间式、蓄热屋顶式
	B区	集热蓄热墙式、附加阳光间式、直接受益式、蓄热屋顶式
	C区	集热蓄热墙式、附加阳光间式、蓄热屋顶式
可利用气候区		集热蓄热墙式、附加阳光间式、蓄热屋顶式
一般气候区		直接受益式、附加阳光间式

（2）供暖方式还应考虑建筑结构房间使用性质。以白天使用为主的房间，宜选用直接受益窗式或附加阳光间式；以夜间使用为主的房间，宜选用具有较大贮热能力的集热蓄热墙式和蓄热屋顶式。

（3）直接受益式设计应符合下列规定

1）合理确定窗洞口面积，南向集热窗的窗墙面积比宜为 50％；

2）窗户的热工性能应优于国家现行有关建筑节能设计标准的规定。

（4）集热蓄热墙设计应符合下列规定

1）集热蓄热墙高度不宜超过 1.5～2.0m，建筑较高时建议采用垂直分段方式建造，每段设置各自的进、回风口；

2）集热蓄热墙向阳面外侧应安装玻璃或透明材料，并应与集热蓄热墙向阳面保持 100mm 以上的距离；

3）通风口面积与夹层横断面面积之比宜取 0.8～1.0；

4）风口应设置自动或者便于关闭的保温风门，并宜设置风门逆止阀。

（5）附加阳光间设计应符合下列规定

1）附加阳光间应设置在南向或南偏东、南偏西夹角不大于 30°范围内的墙外侧；

2）附加阳光间与供暖房间之间的公共墙上的开孔位置应有利于空气热循环，并应方便开启和严密关闭，开孔率宜大于 15％；

3）采光窗宜设置活动遮阳设施；

4）附加阳光间内地面和墙面宜采用深色表面；

5）应合理确定玻璃的层数，并应设置夜间保温措施；

6）附加阳光间应设置夏季降温用排风口。

2. 降温

（1）根据《被动式太阳能建筑技术规范》JGJ/T 267—2012 规定，我国降温气候分区，如表 9-5 所示，在太阳能设计时，应根据建筑所在地的气候分区综合考虑冬季集热和夏季降温。

（2）应控制室内热源散热。室内热源散热量大的房间应设置隔热性能良好的门窗，房间内产生的废热应能直接排放到室外。

（3）建筑外窗不宜采用两层通窗和天窗。

（4）夏热冬冷、夏热冬暖、温和地区的建筑屋面宜采用浅色面层，采用植被屋面或蒸发冷却屋面时，应设置被动蒸发冷却屋面的液态物质补给装置和清洁装置。

（5）夏热冬冷、夏热冬暖、温和地区的建筑外墙外饰面层宜采用浅色材料，并辅助外遮阳及绿化等隔热措施，外饰面材料太阳吸收率宜小于 0.4。

被动式降温气候分区   表 9-5

被动降温气候分区		七月平均气温 T（℃）	七月平均相对湿度 ϕ（%）	典型城市
最佳气候区	A 区（CH I a）	$T \geqslant 26$	$\phi < 50$	吐鲁番、若羌、克拉玛依、哈密、库尔勒
	B 区（CH I b）	$T \geqslant 26$	$\phi \geqslant 50$	天津、石家庄、上海、南京、合肥、南昌、济南、郑州、武汉、长沙、广州、南宁、海口、重庆、西安、福州、杭州、桂林、香港、台北、澳门、珠海、常德、景德镇、宜昌、蚌埠、达县、信阳、驻马店、安康、南阳、商丘、徐州、宜宾

续表

被动降温气候分区		七月平均气温 T（℃）	七月平均相对湿度 ϕ（%）	典型城市
适宜气候区	A区（CHⅡa）	$22<T<26$	$\phi<50$	乌鲁木齐、敦煌、民勤、库车、喀什、和田、莎车、安西、民丰、阿勒泰
	B区（CHⅡb）	$22<T<26$	$\phi\geqslant50$	北京、太原、沈阳、长春、吉林、哈尔滨、成都、贵阳、兰州、银川、齐齐哈尔、汉中、宝鸡、酉阳、雅安、承德、绥德、通辽、黔西、安达、延安、伊宁、西昌、天水
可利用气候区（CHⅢ）		$18<T\leqslant22$	—	昆明、呼和浩特、大同、盘县、毕节、张掖、会理、玉溪、小金、民和、敦化、昭通、巴塘、腾冲、昭觉
不需降温气候区（CHⅣ）		$T\leqslant18$	—	拉萨、西宁、丽江、康定、林芝、日喀则、格尔木、马尔康、昌都、道孚、九江、松潘、德格、甘孜、玉树、阿坝、稻城、红原、若尔盖、理塘、色达、石渠

（6）夏季室外计算湿球温度降低、日间温差较大的干热地区，应采用被动蒸发冷却降温方式。

9.4.3 施工要求及施工方法

1. 太阳房复合墙体施工要求

被动式太阳房主要采用复合墙体。其做法是将普通 370mm 的外墙拆分成两部分，一部分为 240mm（一砖），放在内侧，作为承重墙，中间放保温材料（如聚苯乙烯泡沫板、袋装散状珍珠岩等），其厚度根据设计室温而定，一般聚苯乙烯泡沫板为 80～100mm，珍珠岩为 130mm 以上。外侧为 120mm 的保护墙（半砖）。

承重墙与保护墙之间必须用钢筋拉结使它们形成一个整体。拉结方法为用直径 6mm 的钢筋拉结，拉结钢筋施工应先将钢筋穿过保温材料，然后在两端弯钩，长度比复合墙厚少 40mm。水平间距两砖到两砖半（500～750mm），垂直距离为 8～10 皮砖（500～600mm）。拉结钢筋要上下交错布置。

复合墙砌筑有单面砌筑法和双面砌筑法。单面砌筑法是先砌内侧承重墙 8～10 皮高，然后安装保温材料，再砌保护墙 8～10 皮高，并按设计要求布置拉结钢筋；双面砌筑法是同时砌筑内外侧墙体，砌至 8～10 皮高时，再将保温材料和拉结钢筋依次放好。

2. 屋面施工顺序及施工方法

被动式太阳房屋面保温做法有两种形式，一种是平屋顶屋面，另一种是坡屋顶屋面。

（1）平屋顶施工顺序及施工方法

平屋顶施工顺序：屋面板、找平层、隔气层、保温层、找平层、防水层、保护层。

保温层一般采用板状保温材料（聚苯乙烯泡沫板）和散状保温材料（珍珠岩），厚度根据当地纬度和气候条件决定，一般采用聚苯乙烯泡沫板厚度为 120mm 以上，在聚苯乙烯泡沫板上按 600mm×600mm 配置 Φ6 钢筋网后做找平层；散状保温材料施工时，应设加气混凝土支撑垫块，在支撑垫块之间均匀地码放用塑料袋包装封口的散状保温材料，厚度为 180mm 左右，支撑垫块上铺薄混凝土板。其他做法与一般建筑相同。

（2）坡屋顶施工顺序及施工方法

坡屋顶屋面是农村被动式太阳房的常见形式。坡屋顶一般为 26°～30°。屋面基层构造通常有：1）檩条、望板、顺水条、挂瓦条；2）檩条、椽条、挂瓦条；3）檩条、椽条、苇箔、草泥。

坡屋顶屋面保温一般采用室内吊棚方法，有轻钢龙骨吊纸面石膏板或吸音板、吊木方 PVC 板或胶合板、高粱秆抹麻刀灰等。保温材料有聚苯乙烯泡沫板、袋状珍珠岩、岩棉毡等。

3. 太阳房基础施工要求

由于被动式太阳房工程较小，一般情况下均采用毛石条形基础，毛石基础施工要点如下：

（1）毛石应质地坚实，无风化剥落和裂纹，标号在 C20 号以上，尺寸在 200

～400mm 之间，填小块 70～150mm 之间，数量占毛石总量的 20％。

（2）砌筑毛石基础的砂浆一般采用 M5 水泥砂浆，灰缝厚度为 20～30mm。

（3）毛石基础顶面厚度应比墙厚大 200mm（每边宽出 100mm），毛石基础应砌成阶梯状，每阶内至少两皮毛石，上级阶梯的石块至少压砌下级阶梯石块的 1/2。

（4）砌筑基础前，必须用钢尺校核毛石基础的尺寸，误差一般不超过 5mm。

（5）砌筑毛石基础用的第一皮石块，应选用比较方正的大石块，大面朝下，放平、放稳。当无垫层时，在基槽内将毛石大面朝下铺满一层，空隙用砂浆灌满，再用小石块填空挤入砂浆，用手锤打紧。有垫层时，先铺砂浆，再铺石块。

（6）毛石基础应分皮卧砌，上下错缝，内外搭接。一般每皮厚约 300mm，上下皮毛石见搭接不小于 80mm，不得有通缝。每砌完一皮后，其表面应大致平整，不可有尖角、驼背现象，使上一皮容易放稳，并有足够的搭接面。不得采用外面侧立石块，中间填心的包心砌法。基础最上面一皮，应选用较大的毛石砌筑。

（7）毛石基础每日砌筑高度不应该超过 1.2m，基础砌筑的临时间断处，应留踏步槎。基础上的空洞应预先留出，不准事后打洞。

（8）基础墙的防潮层，如设计无具体要求时，用 1：2.5 水泥砂浆加 5％的防水剂，厚度为 20mm。

（9）基础四周做防寒处理，有两种做法，一种是在房屋基础四周挖 600mm 深，400～500mm 宽的沟，内填干炉渣保温，上面做防水坡，宽度大于防寒沟 200mm；另一种是在基础回填土之前，将与墙体相同厚度的聚苯乙烯泡沫板靠近基础墙分层错缝埋入地下，埋入深度为冻土层的深度。

4. 太阳能集热部件施工要求

在被动式太阳房建筑中，集热部件主要包括直接受益窗、集热蓄热墙、阳光间等。这些部件的框架最好采用塑钢材料，减少框窗的遮挡，最大限度地汲取太阳能，满足保温隔热要求。

直接受益窗、集热蓄热墙等部件的安装，应采用不锈钢预埋件、连接件，如非不锈钢件应做防腐处理。连接件每边不少于 2 个，且连接件间距不大于 400mm。为防止在使用过程中，由于窗缝隙及施工缝造成冷风渗透，边框与墙体间缝隙应用密封胶填注饱满密实，表面平整光滑，无裂缝，填塞材料、方法符合设计要求。窗扇应粘贴经济耐用、密封效果好的弹性密封条。

9.4.4 验收规定

根据《被动式太阳能建筑技术规范》JGJ/T 267—2012 的规定，被动式太阳能建筑工程验收应符合下列规定：

1. 被动式太阳能建筑屋面应符合现行国家标准《屋面工程质量验收规范》GB 50207—2012 的有关规定；

2. 保温门的内装保温材料应填充密实，性能应满足设计要求，门与门框间应加设密封条；

3. 在结构墙体开洞时，开洞位置和洞口截面大小应满足结构抗震及受力的要求；

4. 墙面留洞的位置、大小及数量应符合设计要求；应按照图纸设计逐个检查核对墙体上洞口的尺寸大小、数量及位置的准确性，洞边框正侧面垂直度允许偏差不应大于 1.5mm，框的对角线长度差不宜大于 1mm；洞口及墙洞内抹灰应平直光滑，洞内宜刷深色（无光）漆；

5. 热桥部位应按设计要求采取隔断热桥的措施。

9.5 太阳能光伏系统

太阳能光伏系统是利用太阳电池的光伏效应将太阳辐射能直接转换成电能的发电系统。简称光伏系统。如图 9-6 所示，它是由太阳能电池方阵、蓄电池组、充放电控制器，交流逆变器设备组成。光伏电池板产生的电能经过电缆、控制器、储能等环节予以存储和转换，转换为负载所能使用的电能。

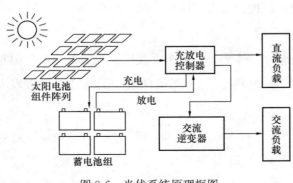

图 9-6 光伏系统原理框图

太阳能电池方阵是光伏发电系统中的核心部分，也是光伏发电系统中价值最高的部分。其作用是将太阳的辐射能转换为电能，或送往蓄电池中存储起来，或推动负载工作。太阳能电池板的质量和成本将直接决定整个系统的质量和成本。太阳能电池一般为硅电池，分为单晶硅太阳能电池、多晶硅太阳能电池等。

蓄电池组作用是贮存太阳能电池方阵受光照时发出的电能并可随时向负载供电。光伏发电对所用蓄电池组的基本要求是：1）自放电率低；2）使用寿命长；3）深放电能力强；4）充电效率高；5）少维护或免维护；6）工作温度范围宽；7）价格低廉。目前我国与太阳能发电系统配套使用的蓄电池主要是铅酸蓄电池和镉镍蓄电池。配套 200Ah 以上的铅酸蓄电池，一般选用固定式或工业密封式免维护铅酸蓄电池，每只蓄电池的额定电压为 2VDC；配套 200Ah 以下的铅酸蓄电池，一般选用小型密封免维护铅酸蓄电池，每只蓄电池的额定电压为 12VDC。

充放电控制器作用是控制整个系统的工作状态，并对蓄电池起到过充电保护、过放电保护的作用。由于蓄电池的循环充放电次数及放电深度是决定蓄电池使用寿命的重要因素，因此能控制蓄电池组过充电或过放电的充放电控制器是必不可少的设备。太阳能控制器在温差较大的地方，合格的控制器还应具备温度补偿的功能。其他附加功能如光控开关、时控开关都应当是控制器的可选项。

交流逆变器作用：由于太阳能的直接输出一般都是 12VDC、24VDC、48VDC。为能向 220VAC 的电器提供电能，需要将光伏发电系统所发出的直流电能转换成交流电能，因此需要使用 DC-AC 逆变器。在某些场合，需要使用多种电压的负载时，也要用到 DC-DC 逆变器，如将 24VDC 的电能转换成 5VDC 的电能。由于太阳能电池和蓄电池是直流电源，而负载是交流负载时，逆变器是必不可少的。逆变器按运行方式，可分为独立运行逆变器和并网逆变器。独立运行逆变器用于独立运行的太阳能电池发电系统，为独立负载供电。并网逆变器用于并网运行的太阳能电池发电系统。逆变器按输出波形可分为方波逆变器和正弦波逆变器。方波逆变器电路简单，造价低，但谐波分量大，一般用于几百瓦以下和对谐波要求不高的系统。正弦波逆变器成本高，但可以适用于各种负载。逆变器保护功能：1）过载保护；2）短路保护；3）接反保护；4）欠压保护；5）过压保护；6）过热保护。

交流配电器在电站系统的主要作用是对备用逆变器的切换功能，保证系统的正常供电，同时还有对线路电能的计量。

9.5.1 设计要求

1.《民用建筑太阳能光伏系统应用技术规范》JGJ 203—2010 规定，根据建筑物使用功能、电网条件、负荷性质和系统运行方式等因素，确定光伏系统的类型。见表 9-6。

光伏系统类型   表 9-6

系统类型	电流类型	是否逆流	有无储能装置	适用范围
并网光伏系统	交流系统	是	有	发电量大于用电量，且当地电力供应不可靠
			无	发电量大于用电量，且当地电力供应比较可靠
		否	有	发电量小于用电量，且当地电力供应不可靠
			无	发电量小于用电量，且当地电力供应比较可靠
独立光伏系统	直流系统	否	有	偏远无电网地区，电力负荷为直流设备，且供电连续性要求较高
			无	偏远无电网地区，电力负荷为直流设备，且供电无连续性要求
	交流系统		有	偏远无电网地区，电力负荷为交流设备，且供电连续性要求较高
			无	偏远无电网地区，电力负荷为交流设备，且供电无连续性要求

2. 蓄电池容量确定

蓄电池储备容量的大小主要取决于负载的耗电情况，此外还要考虑现场的气候条件，环境温度，系统控制的规律性及系统失效的后果等因素，通常储备 10～20 天容量比较适宜。

蓄电池在太阳电池系统中处于浮充电状态，充电电流远小于蓄电池要求的正常充电电流。尤其在冬天，太阳辐射量小，蓄电池常处于欠充状态，长期深放电会影响蓄电池的寿命，故必须考虑留有一定余量，常以放电深度来表示：

$$d = \frac{C - C_R}{C}$$

（9-7）

式中　d——放电深度；

　　C——蓄电池标称容量；

　　C_R——蓄电池储备容量。

过大的放电深度会缩短蓄电池的寿命；过小的放电深度又会增加太阳电池方阵的规模，加大总的投资成本，放电深度最大到 80％ 较为合适。当然，随着太阳电池组件价格的下降，可以允许设计较浅的放电深度．这样，确定蓄电池的储备容量 C_R 和放电深度后，即可初步选定蓄电池的标称容量：

$$C = （10 \sim 20）\frac{Q}{d} \tag{9-8}$$

式中　Q——负载每天平均总耗电量。

3. 方阵倾角确定

在这里，我们用一种较近似的方法来确定方阵倾角。一般地，在我国南方地区，方阵倾角取比当地纬度增加 $10°\sim15°$；在北方地区倾角比当地纬度增加 $5°\sim10°$，纬度较大时，增加的角度可小一些。在青藏高原，倾角不宜过大，可大致等于当地纬度。同时，为方阵支架的设计、安装方便，方阵倾角常取成整数。

4. 根据算出的蓄电池容量，太阳电池方阵的电压及功率，参照生产厂家提供的蓄电池和太阳电池组件的性能参数，选取合适的光伏组件和逆变器等设备型号。其中，根据《民用建筑太阳能光伏系统应用技术规范》JGJ 203—2010 的规定对以下设备有明确的选取要求。

（1）光伏系统的设备性能及正常使用寿命应符合以下要求：

1）系统中设备及其部件的性能应满足国家或行业标准的相关要求，并应获得相关认证；

2）系统中设备及其部件的正常使用寿命应满足国家或行业标准的相关要求。

（2）光伏方阵的选择应遵循以下原则：

1）根据建筑设计及其电力负荷确定光伏组件的类型、规格、数量、安装位置、安装方式和可安装场地面积；

2）根据光伏组件规格及安装面积确定光伏系统最大装机容量；

3）根据并网逆变器的额定直流电压、最大功率跟踪控制范围、光伏组件的最大输出工作电压及其温度系数，确定光伏组件的串联数（称为光伏组件串）；

4）根据总装机容量及光伏组件串的容量确定光伏组件串的并联数。

（3）并网逆变器的选择还应遵循以下原则：

1）并网逆变器应具备自动运行和停止功能、最大功率跟踪控制功能和防止孤岛效应功能；

2）逆流型并网逆变器应具备自动电压调整功能；

3）不带工频隔离变压器的并网逆变器应具备直流检测功能；

4）无隔离变压器的并网逆变器应具备直流接地检测功能；

5）并网逆变器应具有并网保护装置，与电力系统具备相同的电压、相数、相位、频率及接线方式；

6）并网逆变器的选择应满足高效、节能、环保的要求。

（4）直流线路的选择应遵循以下原则：

1）耐压等级应高于光伏方阵最大输出电压的 1.25 倍；

2）额定载流量应高于短路保护电器整定值，短路保护电器整定值应高于光伏方阵的标称短路电流的 1.25 倍；

3）线路损耗应控制在 2% 以内。

9.5.2 系统接入电网规定

在系统接入电网时应遵循《太阳能光伏与建筑一体化应用技术规程》DGJ 32 J 87—2009 中的准则：

1. 光伏系统与公共电网并网应满足当地供电机构的相关规定和要求。

2. 光伏组件或方阵连接电缆及其输出总电缆应符合国家现行标准《光伏（PV）组件安全鉴定第一部分：结构要求》GB/T 20047.1—2006 的相关规定。

3. 光伏系统以低压方式与公共电网并网时，应符合《光伏系统并网技术要求》。GB/T 19939—2005 的相关规定。

4. 光伏系统以中压或高压方式（10kV 及以上）与公共电网并网时，电能质量等相关部分应参照《光伏系统并网技术要求》GB/T 19939—2005，并应符合以下要求：

（1）光伏系统并网点的运行电压为额定电压的 90%～110% 时，光伏系统应能正常运行；

（2）光伏系统在并网运行 6 个月内应向供电机构提供有关光伏系统运行特性的测试报告，以表明光伏系统符合接入系统的相关规定。

5. 光伏系统与公共电网之间应设隔离装置，并应符合下列规定：

（1）光伏方阵与逆变器之间，逆变器与公共电网之间应设置隔离装置；

（2）光伏系统在并网处应设置并网专用低压开关箱（柜），并应设置专用标识和"警告"、"双电源"等提示性文字和符号。

6. 并网光伏系统的安全及保护要求可参照《光伏系统并网技术要求》GB/T 19939—2005，并应符合以下要求：

（1）并网光伏系统应具有自动检测功能及并网切断保护功能；

（2）光伏系统应根据系统接入条件和供电部门要求选择安装并网保护装置，并应符合《光伏（PV）系统电网接口特性》GB/T 20046—2006 的相关规定和《继电保护和安全自动装置技术规程》GB/T 14285—2006 的功能要求；

（3）当公用电网电能质量超限时，光伏系统应自动停止向公共电网供电，在公共电网质量恢复正常范围后的一段时间之内，光伏系统不得向电网供电。恢复并网延时时间由供电部门根据当地条件确定。

7. 并网光伏系统的控制与通信应符合以下要求：

（1）根据当地供电部门的要求，配置相应的自动化终端设备与通信装置，采集光伏系统装置及并网线路的遥测、遥信数据，并将数据实时传输至相应的调度主站；

（2）在并网光伏系统电网接口/公共联络点应配置电能质量实时在线监测装置，并将可测量到所有电能质量参数（电压、频率、谐波、功率因数等）传输至相应的调度主站。

8. 并网光伏系统应根据当地供电部门的关口计量点设置原则确定电能计量点，并应符合以下要求：

（1）光伏系统在电能关口计量点配置专用电能计量装置；

（2）电能计量装置应符合《电测量及电能计量装置设计技术规程》DL/T 5137—2001 和《电能计量装置技术管理规程》DL/T 448—2000 的相关规定。

9. 作为应急电源的光伏系统应符合下列规定：

（1）应保证在紧急情况下光伏系统与公共电网解列，并切断光伏系统供电的非特定负荷；

（2）开关柜（箱）中的应急回路应设置相应的应急标志和警告标识；

（3）光伏系统与电网之间的自动切换开关应选用不自复方式。

9.5.3 系统安装要求

根据《民用建筑太阳能光伏系统应用技术规范》JGJ 203—2010，在光伏系统的安装中有以下几个规定：

1. 一般规定

（1）新建建筑光伏系统的安装施工应纳入建筑设备安装施工组织设计，并制定相应的安装施工方案和特殊安全措施。

（2）光伏系统安装前应具备以下条件：

1）设计文件齐备，且已审查通过；

2）施工组织设计及施工方案已经批准；

3）场地、电、道路等条件能满足正常施工需要；

4）预留基座、预留孔洞、预埋件、预埋管和设施符合设计图纸，并已验收合格。

（3）光伏系统安装时应制定详细的施工流程与操作方案，选择易于施工、维护的作业方式。

（4）安装光伏系统时，应对已完成土建工程的部位采取保护措施。

（5）施工安装人员应采取以下防触电措施：

1）应穿绝缘鞋，带低压绝缘手套，使用绝缘工具；

2）在建筑场地附近安装光伏系统时，应保护和隔离安装位置上空的架空电线；

3）不应在雨、雪、大风天作业。

（6）光伏系统安装施工时还应采取以下安全措施：

1）光伏系统的产品和部件在存放、搬运、吊装等过程中不得碰撞受损。光伏组件吊装时，其底部要衬垫木，背面不得受到任何碰撞和重压；

2）光伏组件在安装时表面应铺遮光板，遮挡阳光，防止电击危险；

3）光伏组件的输出电缆不得非正常短路；

4）对无断弧功能的开关进行连接时，不得在有负荷或能够形成低阻回路的情况下接通正负极或断开；

5）连接完成或部分完成的光伏系统，遇有光伏组件破裂的情况应及时设置限制接近的措施，并由专业人员处置；

6）电路接通后应注意热斑效应的影响，不得局部遮挡光伏组件；

7）在坡度大于10°的坡屋面上安装施工，应设置专用踏脚板。

2．基座

（1）安装光伏组件或方阵的支架应设置基座。

（2）基座应与建筑主体结构连接牢固，并由专业施工人员完成施工。

（3）屋面结构层上现场砌（浇）筑的基座，完工后应做防水处理，并应符合国家现行标准《屋面工程质量验收规范》GB 50207—2012 的要求。

（4）预制基座应放置平稳、整齐，不得破坏屋面的防水层。

（5）钢基座及混凝土基座顶面的预埋件，在支架安装前应涂防腐涂料，并妥善保护。

（6）连接件与基座之间的空隙，应采用细石混凝土填捣密实。

3．支架

（1）安装光伏组件或方阵的支架应按设计要求制作。钢结构支架的安装和焊接应符合国家现行标准《钢结构工程施工质量验收规范》GB 50205—2001 的要求。

（2）支架应按设计要求安装在主体结构上，位置准确，与主体结构固定牢靠。

（3）固定支架前应根据现场安装条件采取合理的抗风措施。

（4）钢结构支架应与建筑物接地系统可靠连接。

（5）钢结构支架焊接完毕，应按设计要求做防腐处理。防腐施工应符合国家现行标准《建筑防腐蚀工程施工及验收规范》GB 50212—2002 和《建筑防腐蚀工程施工质量验收规范》GB 50224—2010 的要求。

4．光伏组件与方阵

（1）光伏组件上应标有带电警告标识，光伏组件强度应满足设计强度要求。

（2）光伏组件或方阵应按设计要求可靠地固定在支架或连接件上。

（3）光伏组件或方阵应排列整齐，光伏组件之间的连接件，应便于拆卸和更换。

（4）光伏组件或方阵与建筑面层之间应留有安装空间和散热间隙，不得被施工等杂物填塞。

（5）光伏组件或方阵安装时必须严格遵守生产厂家指定的其他条件。

（6）坡屋面上安装光伏组件时，其周边的防水连接构造必须严格按设计要求施工，不得渗漏。

（7）光伏幕墙的安装应符合以下要求：

1）双玻光伏幕墙应满足国家现行标准《玻璃幕墙工程质量检验标准》JGJ/T 139—2001 的相关规定；

2）光伏幕墙应排列整齐、表面平整、缝宽均匀，安装允许偏差应满足国家现行标准《建筑幕墙》GB/T 21086—2007 的相关规定；

3）光伏幕墙应与普通幕墙同时施工，共同接受幕墙相关的物理性能检测。

（8）在盐雾、寒冷、积雪等地区安装光伏组件时，应与产品生产厂家协商制定合理的安装施工方案。

（9）在既有建筑上安装光伏组件，应根据建筑物的建设年代、结构状况，选择可靠的安装方法。

9.5.4 环保、卫生、安全、消防

《太阳能光伏与建筑一体化应用技术规程》DGJ32/J 87—2009 规定光伏发电系统的选取、安装以及位置的选定应符合环保、卫生、安全、消防的要求。

1. 环保、卫生

（1）光伏系统的设备及安装应符合环保卫生的要求。

（2）安装在屋顶的光伏组件宜采用晶体硅类，不宜使用对环境产生危害的光伏组件和部件。

（3）光伏系统构件产生的光辐射应符合《建筑幕墙》GB/T 21086—2007 对光辐射的有关规定。

（4）当逆变器达到 50％额定负载时，在设备高度 1/2、正面距离 3m 处的噪声应≤45dB。

（5）在居住、商业和轻工业环境中正常工作的逆变器的电磁发射应不超过《电磁兼容 通用标准 居住、商业和轻工业环境中的发射》GB 17799.3—2012规定的发射限值；连接到工业电网和在工业环境中正常工作的逆变器的电磁发射应不超过《电磁兼容 通用标准 工业环境中的发射》GB 17799.4—2012规定的发射限值。

（6）光伏系统使用的蓄电池宜采用密封免维护电池，存放蓄电池的场所应通风良好，必要时安装排气扇。维护蓄电池时，应符合蓄电池运行维护的相关规定。

2. 安全

（1）屋面安装光伏阵列的区域，临边宜设置高度不小于1.1m的防护栏杆，并有防止锚固点失效后光伏构件坠落的措施。

（2）应在光伏阵列外围防护栏杆显著位置上悬挂带电警告标识牌。

3. 消防

（1）光伏系统安装区域应设置消防疏散通道。

（2）光伏系统应满足《建筑设计防火规范》GB 50016—2006及《高层民用建筑设计防火规范》GB 50045—1995（2005年版）的要求。

（3）光伏系统应具有漏电火灾报警系统的功能，并满足《低压配电设计规范》GB 50054—2011第4.4.21条规定。

9.5.5 工程验收

1. 一般规定

（1）建筑工程验收时应对光伏系统工程进行专项验收。

（2）光伏系统工程验收前，应在安装施工中完成以下隐蔽项目的现场验收：

1）预埋件或后置螺栓/锚栓连接件；

2）基座、支架、光伏组件四周与主体结构的连接节点；

3）基座、支架、光伏组件四周与主体围护结构之间的建筑做法；

4）系统防雷与接地保护的连接节点；

5）隐蔽安装的电气管线工程。

（3）光伏系统工程验收应根据其施工安装特点进行分项工程验收和竣工

验收。

（4）所有验收应做好记录，签署文件，立卷归档。

2. 分项工程验收

（1）分项工程验收宜根据工程施工特点分期进行。

（2）对于影响工程安全和系统性能的工序，必须在本工序验收合格后才能进入下一道工序的施工。这些工序至少包括但不限于以下阶段验收：

1）在屋面光伏系统工程施工前，进行屋面防水工程的验收；

2）在光伏组件或方阵支架就位前，进行基座、支架和框架的验收；

3）在建筑管道井封口前，进行相关预留管线的验收；

4）光伏系统电气预留管线的验收；

5）在隐蔽工程隐蔽前，进行施工质量验收；

6）既有建筑增设或改造的光伏系统工程施工前，进行建筑结构和建筑电气安全检查。

（3）竣工验收

1）光伏系统工程交付用户前，应进行竣工验收。竣工验收应在分项工程验收或检验合格后进行。

2）竣工验收应提交以下资料：

①设计变更证明文件和竣工图；

②主要材料、设备、成品、半成品、仪表的出厂合格证明或检验资料；

③屋面防水检漏记录；

④隐蔽工程验收记录和分项工程验收记录；

⑤系统调试和试运行记录；

⑥系统运行、监控、显示、计量等功能的检验记录；

⑦工程使用、运行管理及维护说明书。

9.6 太 阳 灶

太阳灶是太阳能热利用产品之一，尤其是在农村较多见，即把太阳能收集起来，用于做饭、烧水的一种器具。它具有以下优点：安装简单、易于操作、先进、高效、新颖、价低、节能、环保、独特、实用。焦点温度可达 1000℃以上，功率相当于 1000W 的电炉。只要有阳光，一年四季都可使用，使用寿命可达 10 年以上，可满足煮、煎、炖、炸等炊事活动。

9.6.1　太阳灶的类型

太阳灶的形式很多，基本上可以分为以下三大类：

（1）箱式太阳灶

箱式太阳灶就是利用黑体吸收太阳辐射能的原理制造的，如图 9-7 所示，普通箱式太阳灶的主要结构为一个箱体，四周用保温层保温，内表面涂以黑色涂层，上面由二层玻璃组成透光兼保温的盖板，这样投射进箱内的太阳辐射能被黑体吸收，并贮存在箱内使温度不断上升。当投入热量与散出热量平衡时，箱内温度就不再升高，达到平衡状态。

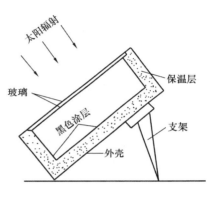

图 9-7　普通箱式太阳灶

使用时，将箱体盖板与太阳光垂直方向放置，预热一定时间后，使箱内温度达到 100℃时，即可放入食物，箱子封严后即开始进行蒸煮食物，使用时要进行几次箱体角度的调整，一般 1~2h 后即熟。

作为箱式太阳灶简单易行的改进方法之一，是在箱体四周加装平面反射镜，即反射式太阳灶，如图 9-8 所示。反射镜可用铰链镶接在边框上，并可以固定在任意角度上。用调节反射镜的倾角，可使入射的阳光全部反射进箱内。反射镜可采用普通的镀银镜面、抛光铝板或用真空镀铝聚酯薄膜贴在薄板上制成。根据试制和使用情况，加装一块反射镜，太阳灶箱温最高可达 170℃以上；加装二块反射镜，可达 185℃以上；加装 4 块反射镜，可达 200℃以上，明显提高了煮食效果。

（2）聚光式太阳灶

聚光式太阳灶是一种利用旋转抛物面反光汇聚太阳直射辐射能进行炊事工作的装置，如图 9-9 所示。聚光式太阳灶利用了抛物面聚光的特性，大大地提高了

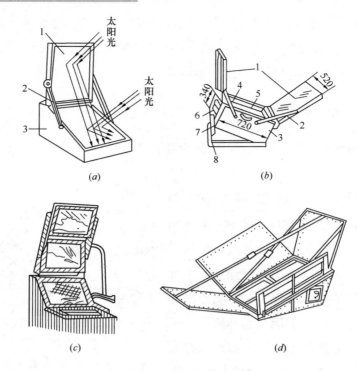

图 9-8　反射式太阳灶结构

(a) 1 块反射镜；(b) 2 块反射镜；(c) 3 块反射镜；(d) 4 块反射镜

1—反射镜；2—支架；3—灶体；4—铝板空箱体；5—玻璃盖板；6—炉门；7—支柱；8—底框

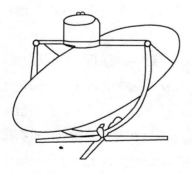

图 9-9　聚光式太阳灶

太阳灶的功率和聚光度，锅底可达 500℃ 左右的高温，便于煮、炒食物及烧开水等各种炊事作业，缩短了炊事时间。但聚光式太阳灶较之箱式太阳灶在设计制造方面复杂而且成本相应也高。

聚光式太阳灶大致可从以下几个方面进行归纳分类。

1）从聚光方式上分类

分为旋转抛物面太阳灶、球面太阳灶、抛物柱面太阳灶、圆锥面太阳灶和菲涅耳聚光太阳灶等。

2）从灶面结构和选材上分类

灶面，可采用水泥混凝土、铸铁、铸铝、钢板冲压、玻璃钢、钙塑料等材料制作。

3）从灶面支撑架分类

一般可分为中心支撑、托架支撑、翻转式支撑、灶面前支撑、吊架支撑等。

4）从炊具支撑架分类

主要有固定式和活动式两种。

5）从跟踪调节上分类

对太阳方位角跟踪有立轴式、轮转式和摆头式等形式。

（3）综合型太阳灶

综合型太阳灶是利用箱式太阳灶和聚光太阳灶所具有的优点加以综合，并吸收真空集热管技术、热管技术研发的不同类型的太阳灶。

1）热管真空管太阳灶。利用热管真空管和箱式太阳灶的箱体结合起来形成热管真空管太阳灶，如图 9-10 所示。

2）贮热太阳灶。图 9-11 是贮热太阳灶、太阳光通过聚光器 1，将光线聚集照射到热管蒸发段 2，热量通过热管迅速传导到热管冷凝端 5，通过散热板 4 再将它传给换热器 6 中的硝酸盐 7，再用高温泵 9 和开关 10 使其管内传热介质把硝酸盐获得的热量传给炉盘 11，利用炉盘所达到的高温进行炊事操作。

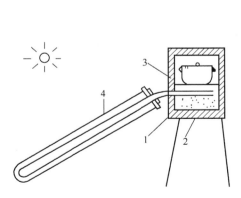

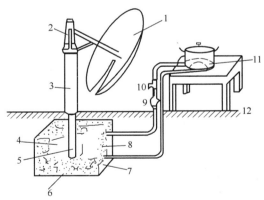

图 9-10 热管真空管太阳灶

1—散热片；2—蓄热材料；3—绝热箱；

4—热管真空集热管

图 9-11 贮热太阳灶

1—聚光器；2—热管蒸发段；3—支撑管；4—散热板；

5—热管冷凝器；6—换热器；7—硝酸盐；8—绝热层；

9—泵；10—开关；11—炉盘；12—地面

这类太阳灶实际上是一种室内太阳灶，比室外太阳灶有了很大改进，技术特点是用一种可靠的高温热管以及管道中高温介质的安全输送和循环，而且对工作可靠性要求很高。

3）聚光双回路太阳灶。如图9-12所示，工作原理为：聚光器2将太阳光聚集到吸热管1，吸热管所获得的热量能将第一回路3中的传热介质（棉籽油）加热到500℃，通过盘管换热器把热量传给锡，锡熔融后再把热量传给第二回路中的棉籽油，使其达到300℃左右，最后通过炉盘9来加热食物。

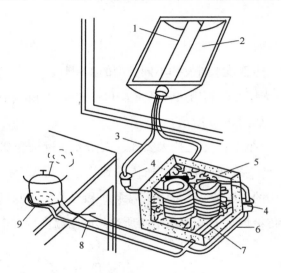

图 9-12　聚光双回路太阳灶

1—吸热管；2—聚光器；3—第一回路；4—泵；5—隔热层；

6—第二回路；7—锡；8—开关；9—炉盘

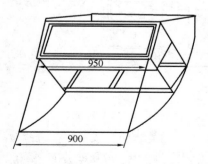

图 9-13　抛物柱面聚光箱式灶

4）抛物柱面聚光箱式灶。如图9-13所示，它吸收了聚光和箱式太阳灶的优点研制而成。

此类太阳灶的优点是功率较大、能量集中、散热损失小，升温快，灶温高达200℃以上。

长条形箱内装有柱架，每次可放12个饭盒，比一般箱式灶容量大1倍。若在柱架上放置筒形水箱，则可用来烧开水，每小时可烧3kg左右开水。

9.6.2　旋转抛物面聚光太阳灶的设计

目前我国的聚光太阳灶产品，基本上都是属于旋转抛物面聚光太阳灶。

（1）抛物线方程

所谓抛物线的数学含义是，有一动点 M 到定点 F 和定直线 L 的距离相等，则动点 M 的轨迹称为抛物线，如图 9-14 所示。

根据上述数学含义，用数学方法推导出抛物线的标准方程为：

$$x^2 = 2PZ$$

或　　　　　$$x^2 = 4fz$$

$P = |FQ|$，为定点 F 到准线 L 的距离。

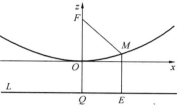

图 9-14　抛物线

F 点为抛物线的焦点，O 点为抛物线的顶点，$f = |OF| = \dfrac{1}{2}p$，是抛物线的焦距。

FM 称为动径，$FM = ME$。

通过焦点和顶点的直线称为抛物线的主光轴。

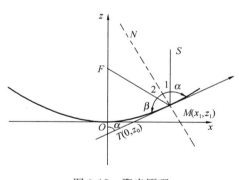

图 9-15　聚光原理

抛物线的聚光特性，如图 9-15 所示，太阳光线 S 与轴平行方向射到抛物线 $x^2 = 4fz$ 上的 M（x_1，x_2）点。连接 MF，并过 M 点作切线 MT，与 z 轴交于（0，z_0）点，作直线 MN 使其与切线垂直，根据光的反射定律，入射角等于反射角，若能证明 $L_1 = L_2$，就可以证明 MF 确实是反射光线。

因为 MT 的斜率 $R = \dfrac{dz}{dx} = \dfrac{x}{2f}$，则：$\dfrac{z_1 - z_0}{x_1} = \dfrac{x_1}{2f}$

代入上式，整理后得 $z_0 = z_1$，然后求得 $|FM| = f + z_1$；$|FT| = f - z$。

故 $|FT| = |FM|$，这样的 ΔFTM 为等腰三角形，所以 $\angle\alpha = \angle\beta$，于是 $\angle 1 = \angle 2$。

因为 M 点是任意选取的，所以抛物线上任何一点都具有同样的性质，即只

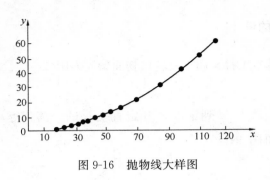

图 9-16　抛物线大样图

要太阳光沿主轴平行入射、则所有反射光线都能汇聚于 F 点，而 F 点恰好是抛物线的定点。

由上述证明可知，抛物线聚光必须具备两个条件是：

1）入射光线必须是平行光线；

2）入射光线的方向应与主轴平行。

（2）抛物线制作

抛物线制作如图 9-16 所示。

1）画抛物线

根据抛物线公式 $x^2 = 4fz$ 进行比较准确的坐标计算。根据焦距 F 的取值不同，可得出不同的 x 与 z 值，如表 9-7 所示。

当选定 f 值后，从表 9-7 中找出 x 与 z 的相应坐标值，将它们精确地在坐标纸上定点，连接各点就可以得到太阳灶面抛物曲线大样图。

不同焦距抛物线 x、z 的坐标值　　　　　表 9-7

f/cm	z	±r	f/cm	z	±r	f/cm	z	±r	f/cm	z	±r	f/cm	z	±r
	1	14.1		1	15.5		1	16.7		1	17.9		2	26.8
	2	20.0		2	21.9		2	23.7		2	31.0		5	42.4
	3	24.5		3	26.8		3	29.0		5	40.0		10	60.0
	4	28.3		4	31.0		4	33.5		8	50.6		15	73.5
	5	31.6		5	34.6		5	37.4		10	56.6		20	84.9
	6	34.6		6	37.9		8	47.3		15	69.3		25	94.9
	8	40.0		8	43.8		10	52.9		20	80.0		30	103.9
	10	44.7		10	49.0		15	64.8		25	89.4		35	112.2
	12	49		12	53.7		20	74.8		30	98.0		40	120.0
50	15	54.8	60	15	60.0	70	25	83.7	80	35	105.8	90	45	127.3
	20	63.2		20	69.3		30	91.7		40	113.1		50	134.2
	25	70.7		25	77.5		35	99.0		45	120.0		55	140.7
	30	77.5		30	84.9		40	105.8		50	126.5		60	147.0
	35	83.7		35	91.7		45	112.2		55	132.7		65	153.0
	40	89.4		40	98.0		50	118.3		60	138.6		70	158.7
	45	94.9		45	103.9		55	124.1		65	144.2		75	164.3
	50	100		50	109.5		60	129.6		70	149.7		80	169.7
				55	114.9		65	134.9		75	154.9		85	174.9
				60	120		70	140		80	160		90	180

2）简易作图法

用 1:1 的比例定出参数点坐标 $M(x_0, z_1)$，并将 x_0，z_0 分成同样多的等分（如 n 等分）。假设 $n=4$，并在 x 轴与 y 轴上加以编号。如 0，1，2，3，4；和 0，1′，2′，3′，4′，如图 9-17（a）、（b）所示。

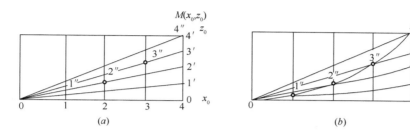

图 9-17　简易作图法

连接 04′，03′，02′，01′ 并依次找出交点 4″，3″，2″，1″ 即可得到一条近似的抛物线。如果等分格足够多，如 n＞20，则作出的抛物线就足够光滑和准确。

（3）聚光太阳灶曲面的设计

聚光太阳灶曲面都是采用旋转抛物面的某一部分，根据选择的抛物面部位不同，可分为正轴灶和偏轴灶两大类。

1）正轴灶的设计

正轴灶的抛物面顶点恰好在抛物面的正中心抛物面的主轴恰好为抛物面的对称中心轴。

该灶型结构简单，容易制造，如图 9-18 所示。它在太阳灶高度角比较高的季节以及中午时段使用能获得较高的效率。当太阳高度角较小时，一部分阳光会反射在锅的侧面，效果不太理想。

2）偏轴灶的设计

偏轴灶曲面的设计，通常采用三圆作图法进行设计，该灶型不仅能将反射光高度角的使用范围汇聚在锅底上，而且锅架靠近灶体，操作使用方便。适合我国很多地区，是一种常用灶型。

如图 9-19 所示，在 $F-xyz$ 坐标系中，$\angle PFQ$ 为收集锥的顶角，F 为顶点，再建立 $O-xyz$ 坐标系，抛物线 MON 的顶点设于该坐标系的顶点，焦点则与 $F-xyz$ 坐标系原点 F 重合，M、N 分别为抛物线与 PF、QF 的交点。该图为三维空间，令 Fx 轴与 Ox 轴平行（垂直于图面向外），Fy 轴与 Oy 轴共面，则收集锥所包围的抛物面就是在高度角 h 值的灶面。

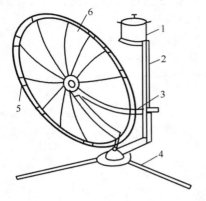

图 9-18　正轴聚光太阳灶

1—炊具；2—锅架；3—支架；

4—底座；5—边框；6—反射面

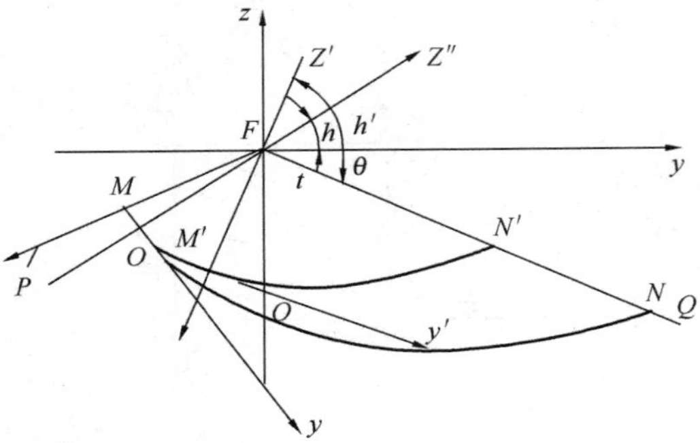

图 9-19　偏轴灶曲面

经数学推导和演算可得到三维方程式，即：

$$x^2 + (y^2 - B)^2 = R^2$$

式中，$B = \dfrac{2f\cos h}{\sin\theta + \sin h}$；$R = \dfrac{2f\cos\theta}{\sin\theta + \sin h}$

该式表示一个圆，其圆心 y 坐标系为 B，半径为 R。

这样给出，在不同的太阳高度角可得到不同的圆。

给出设计的 h_{min} 和 h_{max} 值，可得到圆（B_1，R_1）和圆（B_2，R_2），此两个圆公共面积作为太阳灶截光面。

为便于操作，点（即锅底平面）不能太高，需对上述两个圆决定的截光面在宽度方向进行修正。假定要求在 h_{min} 时，截光面下部边缘与 π_0 平面接触（考虑灶壳厚度，π_0 平面稍高于地面而且与地面平行），这时 F 到 π_0 距离为操作高度 H，则 π_0 平面与抛物线交线在 z 方向的投影仍具有下式的形式：

$$x^2 + (y - B_3)^2 = R_3^2$$

式中，$B_3 = 2f\tan h_{min}$；$R_3 = \dfrac{2f}{\sin h_{min}}\sqrt{1 - \dfrac{H}{f}\sin h_{min}}$

该轮廓修正线仍为圆，圆心的 y 坐标值 B_2 因所选择的 h_{min} 不同而异，半径

R_3 还与 H 有关。

例如：假定某太阳灶，$h_{\min}=h_2=30°$，$h_{\max}=h_1=75°$，焦距 $f=0.80\text{m}$，投影角 $\theta_1=25°$，$\theta_2=20°$，当 $h=25°$ 时 $H=1.08\text{m}$。需用三圆作图法，画出灶面轮廓线。则：

①计算：

第一个圆 C_1 的参数：

$$B_1=\frac{2f\cos h_1}{\sin\theta_1+\sin h_1}=0.2982\text{m}$$

$$R_1=\frac{2f\cos\theta_1}{\sin\theta_1+\sin h_1}=1.0443\text{m}$$

第二个圆 C_2 的参数：

$$B_2=\frac{2f\cos h_2}{\sin\theta_2+\sin h_2}=1.6456\text{m}$$

$$R_2=\frac{2f\cos\theta_2}{\sin\theta_2+\sin h_2}=1.7856\text{m}$$

第三个圆 C_3 的参数：

$$B_3-2f\cot h-2f\cot 25°=2.4312\text{m}$$

$$R_3=\frac{2f}{\sin h}\sqrt{1-\frac{H}{f}\sin h}=\frac{2f}{\sin 25°}\sqrt{1-\frac{1.08}{0.8}\sin 25°}=2.4811\text{m}$$

②作图：

根据上述计算作图，如图 9-20 所示。

$ABCD$ 四条弧线组成的截光面（亦称三圆四弧截光面）就是我们要做的太阳灶面轮廓线。该截光面的面积，可利用圆面积、弓形面积公式进行计算得到。

（4）太阳灶各参数的设计与确定

1）太阳高度角 h

太阳灶截光面应使在最大太阳角 $h_{\max}$ 和最小太阳角 $h_{\min}$ 范围内都能使光线集中于锅底。

太阳灶的太阳高度角与地理位置、海拔

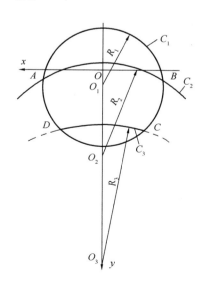

图 9-20　太阳灶截光面

高度、气候条件、炊事习惯、使用期限及制作工艺条件多种因素来确定的。

根据计算和实践经验，推荐下列公式进行计算，即：

$$h_{max}=\begin{cases}101°-0.8°\phi(\phi\geqslant23.5°)\\82°(\phi<23.5°)\end{cases}$$

$$h_{min}=39.5°-0.4\phi$$

式中，ϕ——当地的地理纬度，范围为 $30°\sim45°$。

例如：已知地理纬度，可用以上两式求出太阳灶的太阳高度角，即

$\phi=30°$ 则 $h_{max}=77°$，$h_{min}=27.5°$

$\phi=36°$ 则 $h=72.1°$，$h_{min}=25°$

$\phi=45°$ 则 $h_{max}=65°$，$h_{min}=21.5°$

一般情况 h_{min} 可在之间选取 $20°\sim30°$。

2）太阳灶的投射角与光斑直径有直接关系，如表 9-8 所示

光斑直径 d 与 θ 角的关系   表 9-8

θ	5°	10°	15°	20°	30°	40°	50°	60°
d	11.4L	5.7L	3.8L	2.9L	2L	1.5L	1.3L	1.4L

L 值与灶面反光材料有关，如小玻璃镜片 L 值为 5cm 左右。对普通太阳灶而言 d 的范围以 $15\sim20$cm 为宜，这样值可在 $15°\sim20°$ 之间选取。

θ 角的大小不仅影响 d，对吸热面的吸收率也有影响。θ 角越小，吸收率越低；θ 角过大，热效率无明显上升，而对太阳灶其他参数产生不利影响。

光斑直径大小决定于聚光比和焦面温度。光斑直径越小、聚光比越大、焦面温度越高。但若焦面温度太高，使锅底面上温度不均匀，局部地区会烧糊食物，热效率反而会下降，因此焦面温度最好低于 100℃ 为宜，光斑直径设计在 10cm 左右为好。

3）太阳灶的截光面积 A_c

太阳灶的截光面积可用下式进行估算：

$$A_c=\frac{0.24N\times60\times4.1868}{10^4\times I\eta}=0.006\frac{N}{I\eta}$$

式中　A_c——截光面积，m^2；

　　　　N——太阳灶的有效功率，W；

I——垂直于太阳光平面上的太阳直接辐射照度，J/（cm²·min）；

η——太阳灶的平均热效率，一般取 50% 左右。

例如：某太阳灶 $I=4.1868J/(cm^2 \cdot min)$，$\eta=50\%$，$N=700W$，则：

$$A_c=0.006\frac{700}{4.1868\times0.5}=2m^2$$

4）太阳灶的操作高度 H

太阳灶的操作高度 H 主要是考虑操作人员人体高度的要求，一般设计操作高度 H 取 0.9～1.2m，最大应不超过 1.25m。

5）太阳灶的焦距 f

太阳灶焦距 f 是抛物线（面）的基本参数，f 确定后，则抛物线（面）随之确定。

选择焦距 f 主要考虑：

①太阳灶要有较高的灶面采光系数（灶面采光系数 $\beta=S/S_m$，其中 S 是截光面积，S_m 是灶面曲面积）。

②较低的操作高度。

一般家用太阳灶的焦距在 60～80m 范围内选择。如 $A_c=1.5m^2$，选 $f=0.6$ ～0.65m；$A_c=2.0m^2$，选 $f=0.7\sim0.75m$；$A_c=2.5m^2$，选 $f=0.8m$。

（5）太阳灶的结构设计

1）太阳灶的灶面结构

太阳灶的灶面结构包括基面部分和反光材料。从曲面类型分，有旋转抛物面、球面、圆锥面、菲涅耳反射面、抛物面等。

从太阳灶的灶形来分，有正轴灶（正圆、椭圆、扁圆），偏轴灶（矩形、扇形、椭圆、扁圆）。而灶面结构也有整块、两块、三块或四块组合灶面。

2）太阳灶的支承和跟踪装置

太阳灶的支承结构包括灶面支承体和锅架支承体。其中，灶面支承体常见的有重心支承和小车支承体。而锅架支承体也有两种形式，一是以地面作为支承体，锅架转动时，锅具位置不变。另一种是锅架被支承体支承在灶面上，隔十分钟左右要调一次灶面位置，以确保锅具处于焦点位置。

灶面支承机构如图 9-21 所示，该灶采用小车支承。其特点是移动十分方便，当阳光被遮挡后，人们可以很轻松地把太阳灶推移到太阳光线比较好的地方进行使用。

图 9-22 是锅架被支承在地面上。其特点是稳定性好，炊事高度保持不变。

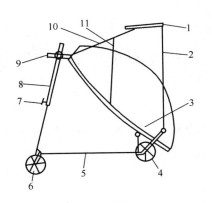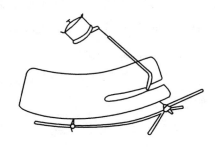

图 9-21　灶面支承机构

1—锅架；2—平行拉杆；3—聚光器；4—转动轮；

5—底架；6—小轮；7—手轮；8—定位架；9—手柄；

10—后支架；11—前支架

图 9-22　锅架支承在
地面上的太阳灶

太阳灶的支承和跟踪装置是相互关联的，它们应共同满足下列要求：确保锅底处于焦点（斑）位置；保持锅架水平稳定，不得倾斜；能及时跟踪太阳方位角和高度角的变化。

太阳灶的跟踪装置可分为手动跟踪、自动跟踪和控放式自动跟踪装置。

①手动跟踪装置

太阳灶的高度角和方位角是在不断地变化的，但是高度角每天变化很小，几天内基本上可看成不变，因此几天调节一次即可。这样太阳灶操作人员只要隔十几分钟调整一次方位角，就能满足太阳灶的正常工作需求。这种调整大多是用手动完成的，其特点是结构简单、造价低廉、运行可靠性高。

②自动跟踪装置

太阳灶的自动跟踪装置，应采用双轴跟踪系统，即在高度角方向上的南北向跟踪和在方位角的东西向跟踪。这样的装置，需要两套讯号传输，一般只采用单轴的东西向自动跟踪装置。图 9-23 所示，就是这种装置的典型实例。其中高度角变化靠赤纬调节杆 4 进行人工调节，几天调一次即可，调节时让太阳灶主轴与回转轴的交角等于 $90° - \delta$（δ 为赤纬角）。为使回转轴以每小时 15°的速度由东向西匀速转动，可采用电机驱动装置，也可采用钟表式传动机构。

由于电动机转速为每分钟达几百上千转，而太阳灶东西向转速很慢，因此变速装置较复杂，造价也比较高。

③控放式自动跟踪装置

该装置如图 9-24 所示。太阳灶转动的动力由偏重给出，每天早上将太阳灶转向东方，这时因偏重的作用，灶体就有一个和太阳运动方向一致的转动趋势，但制动装置则施以反向力控制着锅体的转动。当太阳运动时，焦面会偏离锅底，这时感受元件就发出讯号，使制动装置放松制动绳索，灶体就自动转一下，这样焦点又回到锅底。

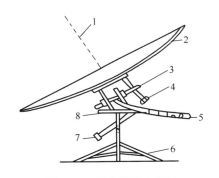
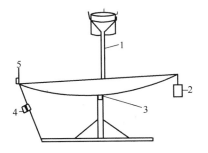

图 9-23　同步跟踪太阳灶　　　　图 9-24　控放式自动跟踪太阳灶

1—主光轴；2—灶面；3—回转轴；4—赤纬　　　　1—锅架；2—偏重；3—回转轴；

调节杆；5—配重杆；6—支撑脚；7—地纬　　　　　4—制动装置；5—讯号感受器

调节杆；8—支撑座

图 9-25 是一套变速齿轮组合电磁制动器组成的制动装置。感受讯号的元件是一个光控盒，它是由一组太阳电池和遮阳板组成，如图 9-26 所示。一般安装在灶面边缘上。当太阳焦斑偏离锅底时，太阳光将直射光电池，产生较大电流，启动电磁铁，使制动轮失去阻力，绳索放松，灶体自动转动一步，使焦斑恰好位于锅底。这时电池的遮阳板又挡住太阳光线，电流减小，电磁铁磁性减弱，制动簧又拉紧制动橡皮，使制动轮停止转动。

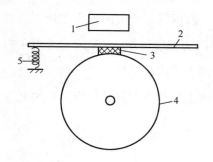

图 9-25　制动装置原理图

1—电磁铁；2—制动杆；3—制动橡皮；

4—制动轮；5—制动簧

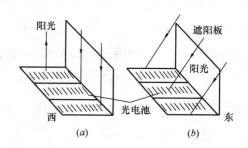

图 9-26　光控盒

（a）太阳光直射光电池；（b）太阳光斜射光电池，

光线被遮阳板遮蔽

太阳灶自动跟踪装置种类很多，但是要研制一套很可靠而价格又比较低廉的自动跟踪装置是很困难的，因为太阳灶在室外工作，条件恶劣，它不仅要承受阳光的暴晒，雨雪的侵蚀，还要抗击较大的风载以及沙尘的影响，因此研制简易的、性能可靠的、低成本的自动跟踪装置是今后的主攻方向。

9.6.3　太阳灶的材料与制作

（1）太阳灶的壳体材料

1）壳体材料的技术要求

①要有一定的刚度，即保型性好，要求 5～10 年不变形露天工作；

②耐水性好，能经受风、雨、雪、沙的侵蚀；

③能承受冷热变化的影响；

④机械性能好，能经受运输和中等撞击；

⑤便于工厂化、模具化、标准化生产。

2）太阳灶壳体材料

①水泥灶壳

水泥灶壳具有良好的耐水性、保型性和抗自然环境侵蚀能力，稳定性和抗风性好，制作简单，价格较低。缺点是比较笨重。

水泥壳体材料一般可分为混凝土和抗碱玻璃纤维增强水泥两种。混凝土有水泥、沙、石子、钢筋等原料组成。水和水泥调成水泥浆，沙子为细骨料，石子为粗骨料，钢筋则为造型材料。

水泥的选择是确保灶壳质量的关键，水泥标号愈高，其粘结力愈强，故一般要选用 42.5 级以上的水泥。在配置混凝土时，应尽量使用清洁的水，不含有脂肪、油、糖、酸和其他有害物质。

抗碱玻璃纤维增强水泥是一种新型的建筑材料，强度高、抗裂性强、工艺简单，可制成薄壳轻型灶。

②玻璃钢灶壳

玻璃钢是一种以树脂为基体，玻璃纤维布为增强材料的复合材料，便于工厂化生产，是一种轻质、高强度的材料，容易成型，坚固耐用，便于机械化加工，表面可喷漆，使灶型光滑美观。缺点是易变形，故灶壳需要考虑采用防止变形的加强筋支撑结构。

③菱苦土灶壳

菱苦土亦称高镁水泥，它是由一份木屑、三份菱苦土及少量植物纤维（如剑麻）和竹筋，用氯化镁溶液调合而成。其特点是比水泥灶轻，约为水泥灶质量的 $1/2 \sim 1/3$，而且具有很高的强度。缺点是可溶性盐类（$MgCl_2$）的抗水性差，如养护不好，易变形，影响使用效果。

④薄壳铸铁灶壳

薄壳铸铁灶壳采用我国传统铁锅压铸工艺，使灶壳厚度仅有 3mm，可有两块或四块组装而成。其特点是便于大批量生产，坚固耐用，表面光滑，不易变形，还可以回收利用，运输和组装均很方便。缺点是机械加工性能较差。

⑤塑料灶壳

塑料灶壳是一种耐腐蚀、耐冲击、已加工、重量轻的材料，其成本也在不断地降低，抗老化问题也在逐步解决，是一种很有发展前景的壳体材料。塑料成型可采用挤出成型、注射成型和模压成型三种工艺来制太阳灶壳体。

⑥其他材料的壳体

除以上五种壳体材料以外，还可以利用其他材料来制造灶壳。如纸灶壳材料，石棉水泥材料、钢板材料等，值得一提的是利用抛光金属来制作灶壳也很与发展前途。如：把纯铝板压成抛物面，进行抛光和阳极化处理，可以得到直接具有反射面的灶壳、灶壳轻便耐用、便于运输、组装和使用。

（2）太阳灶的反光材料

目前常用的太阳灶反光材料有普通玻璃镜片、高纯度阳极氧化反光材料和聚酯薄膜真空镀铝反光材料三种。

1）普通玻璃镜片

一般的普通玻璃镜片厚 2～3mm（特殊用途可更厚一些）。其优点是耐磨性好、光洁度高、价格便宜、易切割加工、购买方便，寿命可达 4～5 年（如果维护得好，寿命可提高 1 倍）。缺点是反光率不高（一般小于 0.8），质量较大，粘贴比较麻烦，尤其是镜片间的缝隙不易粘牢，雨水进入会造成反光层脱落，影响使用。为改进此缺陷，可将镜片尺寸改大，甚至用一大块曲面镜片代替多块镜片，国外已有 2m 长的抛物柱面镜，其反射率高达 0.90 以上，已在太阳能热力发电站中应用。

2）高纯度铝阳极氧化材料

选用高纯镀铝板冲压成型，然后进行抛光和阳极处理，国外应用较多。

3）聚酯薄膜真空镀铝反光材料

利用聚酯薄膜做基材，采用高真空沉积技术，将高纯度铝沉积在基材上，然后涂覆带有机硅材料的保护层，在薄膜背面涂上压敏胶。该材料具有较高的镜面反射率（一般为 0.70～0.80），厚度极薄，便于剪切，机械强度大，使用方便。缺点是使用寿命一般只有 2～3 年，但如果维护得好，可延长使用寿命。必要时可几年更换一次反光材料来提高太阳灶的使用寿命。

（3）太阳灶的制作

太阳灶的制作，主要是灶壳的加工生产，而各种类型的灶壳生产又离不开胎模和模具的制造。胎模的模具成型后就可以进行灶壳的生产加工。这里以水泥太阳灶为例，介绍太阳灶的制作工艺。其他类型太阳灶可以参照予以生产。

1）水泥太阳灶胎模的制作

①利用镜面样板（刮板）曲线制作胎模过程：

镜面曲线样板制作，灶面为偏焦灶面，即选择抛物面的一部分。旋转抛物面为样板曲线绕 oz 轴旋转一周而形成。灶面的焦点在 oz 轴上，如图 9-27 所示。

②镜面（灶面）轮廓线样板的制作如下：

样板由厚度 5mm 的钢板或五合板制成，样板（刮板）如为木质，其表面要

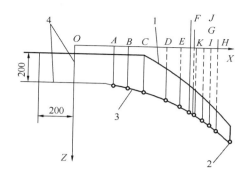

图 9-27 镜面样板制作

1—样板外缘；2—校正点；3—抛物面；4—基准线

作处理，如涂清漆或环氧树脂等，以增加刮板的耐磨性。

a. 样板的用途：制作旋转抛物面胎模时作为刮板，在胎模上划灶面轮廓线时用，如安上旋转轴，便可划线。也可制作两块样板，一块作刮板用，另一块作划线用。

b. 样板的制作：按照前面介绍的抛物线绘制法（坐标法）在板上划出对应的坐标点、打眼，用一条光滑的曲线把它们连接起来，便得到所求的抛物线。为了安装、校正准确起见，将最后的一点作为校正点（对于 $f=80cm$ 的抛物面，最后一点的坐标点如取 $X=1400mm$，即有 $Z=616.9mm$），并做出明显的标记。然后，细心地沿抛物线外缘切割钢板，并用大板锉沿曲线方向锉成光滑的线型，以便制成抛物线样板，此样板的精度直接影响到整个灶面的制作精度。

③旋转轴的制作：

加工一根长 400mm，直径 30mm 的轴，将轴的中段 200mm 的部分切去一半，使之成为长 200mm、宽 30mm 的平面，在该平面上划出中心线，再焊上一块 $200mm^2$ 见方的样板与之重合，便制成旋转轴，如图 9-28 所示。

④旋转轴的安装与校正：

安装旋转轴时，让样板的 OZ 轴与旋转轴之中心线重合，并用螺丝暂作固定，然后校正。校正方法如图 9-29 所示。将丁字尺尺尾紧靠在轴上，将校正点的 Z 坐标值的刻度刚好处在刮板线上，再用一根直尺紧靠在丁字尺尺头上，小心地将校正点上、下转动，直至量得校正点到旋转轴中心线的尺寸为横坐标（X

＝1400mm）值为止。此时，拧紧螺丝，用焊锡将样板、旋转轴与小方铁板焊牢（可复校，无误后便可使用）。

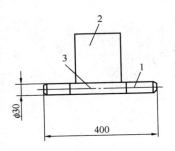

图 9-28　旋转轴的制作

1—旋转轴；2—铁板；3—轴平面

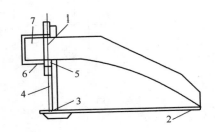

图 9-29　旋转轴校正方法

1—轴中心线、z 轴；2—校正点；3—校正点的 X 值（长直尺）；4—丁字尺；5—校正点、Z 值（丁字尺）；6—铁板；7—固定螺丝

⑤制作胎模：

在胎模的制作过程中，为避免刮板的晃动，影响精度，刮板的另一端常制有滑轨面，如图 9-30 所示。胎模制成后，其凸表面应与刮板曲线处处吻合，其最大间隙不得大于 1mm。

2）水泥模具的制作

水泥模是最常见的制作太阳灶壳的模具，其制作方法如图 9-31 所示。可先在地面上做好水泥模的地基，将刮板固定在支架上，刮板的下沿稍离地面，然后垒土坯和培土。培土时，一定要逐层夯实，防止出现塌落变形。最后，旋转刮板制凸模。

图 9-30　制作灶面模具图

1—样板；2—胎模；3—导轨

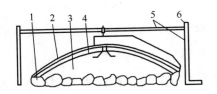

图 9-31　水泥模制作方法

1—地基；2—水泥；3—砂浆土；

4—草泥；5—支架；6—螺丝

在制好的胎模上打上一层混凝土（4～5cm）。混凝土先倒在土堆上，可用泥摔摊好压平，再将刮板缓慢旋转，直到刮板和混凝土表面接触均匀，外壳整齐为止。当混凝土有一定的强度后，即可打砂浆，配比为 1∶2 或 1∶2.5，其施工方法与混凝土相同。

经过 1 天的保养后，可进行素灰净面。净面是凸模制作的关键，一定要认真仔细。水泥内不许有杂质掺入，把搅拌好的素灰倒在凸模上，并旋转刮板，使其自然下流，直至表面光滑平整。待素灰达到一定程度，可用覆盖物进行覆盖，并洒水保养，一般水泥要 7 天左右。将养护好的凸模表面，用砂轮、油石或砂纸进行打磨，以手摸光滑平整，均匀一致为准。当胎模自然干燥后，即可开始画线。先找准旋转抛物面的原点，画出坐标轴，再按灶面图纸，用黑墨线画出轮廓线。

为防止制作灶壳时脱模困难，必须对胎模表面所用部分进行表面封孔处理。封孔材料采用冷干漆或漆片配制成泡立水，涂刷三遍不粘手即可。泡立水配方为漆水∶酒精∶丙酮＝1∶1∶1. 混合后放置 6～8h，搅拌均匀无沉淀即可使用。

3）太阳水泥灶壳的制造

制作混凝土灶壳时，首先应在一预备好的胎模表面上涂上脱模剂以便于脱模。一般采用石蜡、废机油等，或在模具表面上贴一层塑料薄膜，沿着已画好的灶面轮廓线，放置厚度为 3cm 的木框或角钢框。抹上 2～3mm 厚的砂浆，再抹上 8mm 的砂灰浆（比例为 1∶3），铺放预制好的铁丝网（铁丝直径 1.5mm，网眼直径 10mm 左右）和钢筋骨架（骨架直径 6mm）。在骨架上要绑扎各种附件，如供脱壳用的起重鼻、高度角跟踪支架安装孔、灶壳支承轴孔、锅架支承轴孔等。抹第二层砂浆约 6mm 厚，最后抹上一层 2mm 厚的水泥灰浆。灶壳总厚约 3～4cm。灶壳适当凝固后，封湿土约 25cm，养护 28 天，胎模整修备用。

玻璃纤维增强水泥灶壳的制作程序类似混凝土灶壳，水泥采用硫铝酸盐早强水泥，水泥砂浆的配比为 1∶1.2，另加 8％的 108 胶、3％的缓凝剂。抗碱玻璃纤维网眼织物分两层放置，第一层模具 2mm，然后放置钢筋骨架（钢筋直径为 4mm），抹上 8mm 左右厚的砂浆，再放第二层，或用短切玻璃纤维代替，最后压平抹光。灶体厚 1cm，周边和筋厚 2cm。值得注意的是，灶壳所采用的砂，一定要洗干净，最好用洗过的河砂，否则将影响灶体的强度。

采用玻璃纤维增强水泥制作的太阳灶壳体，由于增强纤维是二度平面正交分布，能够充分发挥纤维的增强效果，使产品的抗裂、抗冲击性能大大提高。灶抗碱性、集束性、硬挺性、分散性上，基本可满足纤维短切后与喷射水泥砂浆复合成型的工艺要求。采用这种工艺，可使水泥灶壳体从手工制作转向工厂化大量生产。

水泥灶壳的表面应平整、厚薄均匀，壳体周边的筋条均应抹制平整光滑，宽度一致。为了防止薄灶壳变形和运输方便，亦可采用分块的方式进行制作。

9.6.4 太阳灶的技术要求和安装使用及维护

（1）太阳灶技术要求

1）太阳灶按采光面积划分规格，其优先系列为（m²）：1.0，1.3，1.6，2.0，2.5，3.0，3.5。

2）太阳灶焦距推荐采用下列值（cm）：50，55，60，65，70，75，80，85，90，95。

3）太阳灶应按规定程序批准的图样和技术文件制造。

4）太阳灶的热性指标和结构尺寸应符合下列规定：

①抛物面太阳灶的光效率不低于 65%。

②400℃以上温度面积不小于 50cm²，不大于 200cm²，边缘整齐，呈圆形或椭圆形。

③最大操作高度不大于 1.25m，最大操作距离不大于 0.8。采用面积大于 3m² 的太阳灶，其最大操作高度和最大操作距离允许大于上值。

④最小使用高度角不小于 25°，最大使用高度角不大于 70°。

5）反光材料要求具有较高的反射率（镀铝薄膜不小于 0.80，其他反光材料不小于 0.70），有较好的抗老化性、耐磨性、耐候性、耐盐雾性。

6）灶面应光滑平整，无裂纹和损坏，反光材料粘结性良好。柔性反光材料不应皱折，隆起部位不多于每平方米 5 处。玻璃镜片之间的间隙不大于 1mm，边缘整齐无破损。

7）灶壳的支撑架安装后与灶壳应接触良好，紧固稳定。

8）焊接件应焊接牢固，不允许漏焊、裂纹等缺陷。焊渣应清除干净。

9）油漆表面应光滑、均匀、色调一致，并有较强的附着力、抗老化性、耐候性、耐温热性和耐盐雾性。

　　10）高度角和方位角调整机构应调整方便、跟踪准确、稳定可靠。

　　11）自动跟踪型太阳灶跟踪角度误差不超过±2°。

　　12）在高度角使用范围，锅圈倾斜度不大于5°。

　　（2）太阳灶的安装和调试

　　1）太阳灶要安放在开阔、避风、平坦的地方，保证太阳灶在使用时间内太阳光的照射不受遮挡，太阳灶的使用地点周围不应有建筑物遮挡或有其他阴影落在灶面上，底座触地要平稳牢靠。

　　2）各种太阳灶的安装是不一样，但一般都是比较简单的，安装时应认真按照太阳灶安装使用说明书操作，特别注意在安装过程中防止灶面因聚光引发火灾和对人体的伤害。

　　3）使用太阳灶时首先要进行调整，以保证反射光团落在锅底。先转动灶面或调整太阳方位角调节机构，使灶面正对太阳，然后调整高度角调节机构，使灶面上下运动，当光团处于锅圈中心时，停止此次调整。较好的太阳灶光团应呈圆形或椭圆形。

　　4）太阳灶在使用过程中，一般每隔10min左右调整一次，使反射光团始终落在锅底正中。

　　（3）太阳灶的使用注意事项

　　1）使用太阳灶的灶具底部要涂黑，新灶具要用柴、草熏黑底部，提高热效率，减少光的反射。锅内需有水或食品，切忌空锅放置在灶上，以免烧坏锅底。

　　2）太阳灶的反光材料一般为胶带式镀铝膜片和玻璃片两种，为了延长太阳灶的使用寿命，在使用太阳灶时应注意经常保持反射面清洁，否则会影响功率和热效率。此外，还应避免酸、碱性液体及其他异物泼洒到反射面上。

　　3）使用太阳灶时，应随季节和时间的变化进行调整。由于太阳每日东起西落，阳光不断偏西移动，所以太阳灶同样也得跟踪阳光从东偏西旋转，不断调整方位与高度，用手动法调节好焦距。首先调节方位，用手抓住灶壳上边缘左右推转，使灶面正对阳光；其次调节高度，用左手抓住灶的上沿，上下活动试压，右手调节调节杆（旋转螺丝杆），眼看灶面锅具对准焦点于锅底部中央位置即可。需要调整的时间一般为10min左右一次，始终保持焦点照在灶具底部。

4）如想提高其热利用率，减少热损失，最好自制一个能放在锅圈上的无底保温避风的保温套，重量不得超过 2kg。农村一般可就地取材，用无底废铁盒（脸盆）。保温套可由两部分组成，即保温圈和保温帽。保温圈可用轻型绝热材料做成的圆筒。绝热材料绝对要耐高温（高于 800℃以上），以防止烧坏或造成火灾。保温帽盖在锅具上部，一般可用棉布缝制即可。

5）由于太阳灶使用时光斑温度很高，调整时要特别注意不要使光斑落到人体或者其他物体上，以免伤害人体或造成其他物体的损坏，甚至导致安全事故。

6）太阳灶停止使用时，应将灶面背向阳光，以延长反光材料的使用寿命。生产太阳灶的企业应为产品配置一个太阳灶的外罩，外罩可用深色耐候塑料或者其他符合要求的材料制作，以便于用户在停用太阳灶时将它罩起来。这样不仅能避免阳光的照射，还能防止雨水和风沙的侵蚀，从而大大延长太阳灶的使用寿命。

7）太阳灶的调整转动部件应注意定期加润滑油，使其操作方便、转动灵活并能防止锈蚀。在使用和调整过程中，防止炊具翻落，砸坏灶面反光材料。

8）太阳灶上的锅具盖要严密，不漏气。

9）太阳灶焦点处的温度可达 400～1000℃，应避免与易燃物接触，以免发生火灾。特别是在不用时，更要加以重视，最好的办法是用遮盖物予以保护。

（4）如何评价太阳灶的聚光效果

在大批量生产太阳灶的时候，厂家无需进行逐台组装，但必须对每一批太阳灶进行抽样组装检验。对于聚光太阳灶来说，主要检验聚光状态。方法是：把装好水的锅（或者壶）放到锅架上，调整太阳灶、观察锅底上太阳灶反射光的汇聚状态，应该有 80％以上的反射光集中在一个直径 15cm 左右的圆（也可以是椭圆或卵形）内，形成一个明显的光斑。一般地说，有一部分反射光可能根本照不到锅底，在不同时刻，这部分反射光线来自太阳灶灶面的不同部位，是正常现象。这部分光线不得超过总镜片数的 1％。对于聚光太阳灶来说，除了要求反射光必须全部照到锅底的一个小范围内，还特别需要检查仰角调节的灵活性、可靠性。

9.7　太阳能干燥系统

与人们常规的露天自然干燥相比，太阳能干燥系统有很多优点：（1）提高生产效率。太阳能干燥是在特定的装置内完成，缩短干燥时间，进而提高干燥效率。（2）提高产品质量可以改善干燥条件，提高干燥温度。太阳能干燥是在相对密闭的装置内进行，可以使物料避免风沙、灰尘、苍蝇、虫蚁等的污染，也不会因天气反复变化而变质。

9.7.1　工作原理

太阳能干燥的过程，就其机理来说，它是利用热能使用体物料中水分汽化，并扩散到空气中的过程，是一个传热传质的过程。太阳能干燥就是使被干燥物料直接吸收太阳能或太阳空气集热器先加热空气，热空气与物料进行对流传热，物料表面获得热能后，再传至物料内部，水分从物料内部以液态或汽态方式扩散，透过物料层达到表面，然后通过物料表面的气膜而扩散到热气流中，通过这样的传热传质过程，使物料逐步干燥。

完成这样过程的条件是必须使被干燥物料表面产生水汽（或其他水蒸气）的压强大于干燥介质中水汽（或其他水蒸气）的分压，压差愈大，干燥过程进行得愈迅速。所以，干燥介质及时地将汽化的水汽带走，保持一定的汽化水分的推动力。如果压差等于零，就意味着干燥介质与物料的水汽达到平衡，干燥停止。

太阳能干燥一般以空气为工质，空气在太阳能集热器中被加热，在干燥器中，与被干燥的湿物料接触，热空气把热量传给温物料，使其中水分气化，并把水蒸气带走，从而使物料干燥。

9.7.2　系统分类

太阳能干燥器的形式很多，它们可以有不同的分类方法：

（1）按物料接受太阳能的方式分类：

1）直接受热式太阳能干燥器

被干燥物料直接吸收太阳能，并由物料自身将太阳能转换为热能的干燥器。

通常亦称为辐射式太阳能干燥器。

2）间接受热式太阳能干燥器

首先利用太阳集热器加热空气，再通过热空气与物料的对流换热而使被干燥物料获得热能的干燥器。通常亦称为对流式太阳能干燥器。

（2）按空气流动的动力类型分类：

按空气流动的动力类型进行分类，太阳能干燥器也可分为两大类。

1）主动式太阳能干燥器

需要由外加动力（风机）驱动运行的太阳能干燥器。

2）被动式太阳能干燥器：

不需要由外加动力（风机）驱动运行的太阳能干燥器。

（3）按干燥器的结构形式分类：

1）温室型太阳能干燥器

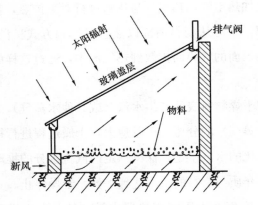

如图 9-32 所示，为温室型太阳能干燥器结构示意图。这类干燥温室与农作物温室在结构上基本相似，其主要特点是集热部件与干燥室结合成一体。

温室前底部和后顶部，分别开有进风口和排风口，并在孔口处安装有阀门，以便控制通风量。温室内设物料架，用来摊放物料。北墙是隔热墙，内壁面涂抹黑色，用以

图 9-32　温室型太阳能干燥器结构示意图

提高墙面的太阳吸收比。东、西、南三面墙的下半部也都是隔热墙，内壁面同样涂抹黑色。所谓隔热墙，就是墙体为双层砖墙，其间夹有保温材料。东、西、南三面墙的上半部都是玻璃，用以更充分地透过太阳辐射能。为减少温室顶部热损失，可在顶玻璃盖层下增加一层或两层透明塑膜，利用层间空气层提高保温性能。

温室型太阳能干燥的过程：太阳光透过玻璃盖层直接照射在温室内的物料上，物料通过集热器吸热板，吸收太阳能后被加热，同时部分阳光为温室内壁所

吸收，室内温度逐渐上升，从而使物料水分蒸发。通过进排气孔，使新鲜空气进入，湿空气排出，不断循环，使被干燥物料除去水分，得到干燥。

这类温室型干燥器结构简单，建造容易、造价较低，可因地制宜，适用于当物料所要求的干燥温度较低，而又允许直接接受阳光曝晒的条件下使用。据国内外资料报道，应用温室型太阳能干燥器进行干燥的物料主要有：辣椒、黄花菜等多种蔬菜；红枣、桃、梅、葡萄等水果和果脯；棉花、兔皮、羊皮等多种农副产品；包装箱木材等工业产品。

2）集热器型太阳能干燥器

集热器型太阳能干燥器是由太阳能空气集热器与干燥室组合而成的干燥装置，主要由空气集热器、干燥室、风机、管道、排气烟囱、蓄热器等几部分组成，如图 9-33 所示。

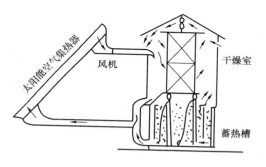

图 9-33 集热器型太阳能干燥器

空气集热器是这种类型太阳能干燥器的关键部件。用于太阳能干燥器的空气集热器有不同的形式，以集热器吸热板的结构划分，可分为：非渗透型和渗透型两类。非渗透型空气集热器有：平板式、V 形板式、波纹板式、整体拼装平板式、梯形交错波纹板式等。渗透型空气集热器有：金属丝网式、金属刨花式、多孔翅片式、蜂窝结构式等。提高空气集热器效率的重要途径是：提高流经吸热板的空气流速，增强空气与吸热板的对流换热，以降低吸热板的平均温度。当然，在空气集热器的结构设计和连接方式上，应尽量降低空气的流动阻力，以减少动力消耗。空气集热器的安装倾角应跟当地的地理纬度基本一致，集热器的进口和出口分别通过管道跟干燥室连接。

风机的功能是将由空气集热器加热的热空气送入干燥室进行干燥作业。根据热空气是否重复使用，可将这种类型的太阳能干燥器分为直流式系统和循环式系统两种。直流式系统是将干燥用空气只通过干燥室一次，不再重复使用；循环式系统是将部分干燥用空气通过干燥室不止一次，循环多次使用。

干燥室有不同的形式，以其结构特征来划分，有：窑式、箱式、固定床式、流动床式等。目前，窑式和固定床式干燥室应用较多。

干燥室的顶部设有排气烟囱，以便湿空气随时排放到周围环境中去。在排气烟囱的位置通常还装有调节风门，以便控制通风量。

为了弥补太阳辐照的间歇性和不稳定性，大型太阳能干燥器通常设有结构简单的蓄热槽（如卵石蓄热器），以便在太阳辐射很强时储存富余的能量。

对于一些大型太阳能干燥器，有时还设有辅助加热系统，以便在太阳辐射不足时提供热量，保证物料得以连续地进行干燥。辅助加热系统既可以采用燃烧炉（如燃煤炉、木柴炉、沼气炉等），也可以采用红外加热炉。

①工作过程：

太阳辐射能穿过空气集热器的玻璃盖板后，投射到集热器的吸热板上，被吸热板吸收并转换为热能，用以加热集热器内的空气，使其温度逐渐上升。热空气通过风机送入干燥室，将热量传递给被干燥物料，使物料中的水分不断汽化，然后通过对流把水汽及时带走，达到干燥物料的目的。

含有大量水汽的湿空气从干燥室顶部的排气烟囱排放到周围环境中去。在太阳能干燥器工作过程中，可以调节安装在排气烟囱的调节风门，以便根据物料的干燥特性，控制干燥室的温度和湿度，使被干燥物料达到要求的含水率。

②特点：

由于使用空气集热器，将空气加热到 60~70℃，因而可提高物料的干燥温度，而且可以根据物料的干燥特性调节热空气温度；

由于使用风机，强化热空气与物料的对流换热，因而可增进干燥效果，保证干燥质量。

③适用范围：

要求干燥温度较高的物料；

不能接受阳光曝晒的物料。

据资料报道，应用集热器型太阳能干燥器进行干燥的物料主要有：玉米、小麦等谷物；鹿茸、黄芪切片等中药材；丝绵、烟叶、茶叶、挂面、腐竹、凉果、荔枝、龙眼、瓜子、啤酒花等多种农副产品；木材、橡胶、陶瓷泥胎等多种工业原料和产品。

3）集热器—温室型太阳能干燥器

温室型太阳能干燥器与集热器型太阳能干燥器相比，其优点是结构简单、建造容易、成本较低、效率较高，缺点是温升较小。在干燥含水率较高的物料（如水果、蔬菜等）时，温室型太阳能干燥器所获得的能量不足以在较短的时间内使物料干燥到安全含水率以下。为了增加能量以保证物料的干燥质量，在温室外再增加一部分空气集热器，这就组成了集热器—温室型太阳能干燥器。

如图 9-34 所示，集热器—温室型太阳能干燥器主要由空气集热器和温室两大部分组成。空气集热器的安装倾角跟当地的地理纬度基本一致，集热器通过管道跟干燥室连接。干燥室的结构与温室型干燥器相同，顶部有向南倾斜的玻璃盖板，内壁面都涂抹黑色，室内有放置物料的托盘或支架。

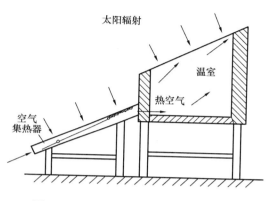

图 9-34 集热器—温室型太阳能干燥器

①工作过程：

集热器—温室型太阳能干燥器的工作过程是温室型干燥器和集热器型干燥器两种工作过程的组合。

一方面，太阳辐射能穿过温室的玻璃盖板后，一部分直接投射到被干燥物料上，被其吸收并转换为热能，使物料中的水分不断汽化；另一部分则投射到黑色的干燥室内壁面上，也被其吸收并转换为热能，用以加热干燥室内的空气。热空气进而将热量传递给物料，使物料中的水分不断汽化。

另一方面，太阳辐射能穿过空气集热器的玻璃盖板后，投射到集热器的吸热板上，被吸热板吸收并转换为热能，用以加热集热器内的空气。热空气通过风机送入干燥室，将热量传递给被干燥物料，使物料的温度进一步提高，物料中的水分更多地汽化，然后通过对流把水汽及时带走，达到干燥物料的目的。

②适用范围：

在集热器—温室型太阳能干燥器中，由于被干燥物料不仅直接吸收透过玻璃盖板的太阳辐射，而且又受到来自空气集热器的热空气冲刷，因而可以达到较高的干燥温度。

由此可见，集热器—温室型太阳能干燥器的适用范围是：含水率较高的物料；要求干燥温度较高的物料；允许接受阳光曝晒的物料。

据资料报道，应用集热器—温室型太阳能干燥器进行干燥的物料主要有：桂圆、荔枝等果品；中药材、腊肠等农副产品；陶瓷泥胎等工业产品。

4）整体式太阳能干燥器

整体式太阳能干燥器是将空气集热器与干燥室两者合并在一起成为一个整体。在这种太阳能干燥器中，干燥室本身就是空气集热器，或者说在空气集热器中放入物料而构成干燥室。

图 9-35 示出了整体式太阳能干燥器的截面结构示意图。整体式干燥器的特点是干燥室的高度低，空气容积小，每单位空气容积所占的采光面积是一般温室型干燥器的 3～5 倍，所以热惯性小，空气升温迅速。

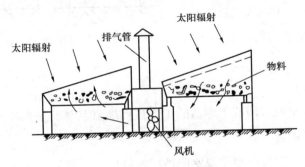

图 9-35 整体式太阳能干燥器

①工作过程：

太阳辐射能穿过玻璃盖板后进入干燥室，物料本身起到吸热板的作用，直接吸收太阳辐射能；而在结构紧凑、热惯性小的干燥室内，空气由于温室效应而被加热。安装在干燥室内的风机将空气在两个干燥室中不断循环，并上下穿透物料层，使物料表面增加与热空气的接触机会。

在整体式太阳能干燥器内，由于辐射换热和对流换热同时起作用，因而强化了干燥过程。吸收了水分的湿空气从排气管排向室外，通过控制阀门还可以使部分热空气随进气口补充的新鲜空气回流，再次进入干燥室，既可提高进口风速，又可减少排气热损失。

②适用范围：

整体式太阳能干燥器具有如下优点：热惯性小，温升迅速，温升保证率高；太阳能热利用效率高；通过采用单元组合布置，干燥器规模可大可小；结构简单，投资较小。

据资料报道，应用整体式太阳能干燥器进行干燥的物料主要有干果、香菇、木耳、中药材等农副产品。

5）其他形式太阳能干燥器

据介绍，以上所述的温室型、集热器型、集热器—温室型和整体式等四种形式的太阳能干燥器，在我国已经开发应用的太阳能干燥器中占了95%以上。除此之外，还有以下几种形式的太阳能干燥器。

①聚光型太阳能干燥器

聚光型太阳能干燥器是一种采用聚光型空气集热器的太阳能干燥器，可达到较高的温度，实现物料快速干燥，有明显的节能效果，多用于谷物干燥。但这种太阳能干燥器结构复杂，造价较高，机械故障较多，操作管理不便。

据报道，聚光型太阳能干燥器在河北、山西等地已有应用。河北某地建造的聚光型太阳能干燥装置用于干燥谷物，采用三组聚光器，采光面积总共 $90m^2$，集热效率约40%，吸收器温度达80~120℃。被干燥谷物用提升机输送到管状吸收器中，机械化连续操作，谷物从一端进，从另一端出，含水率降低1.5%~2.0%，杀虫率可达95%以上，日处理量为20~25t。该装置比常规的火力滚筒式烘干机耗电少50%，比高频介质烘干机省电97%。

②太阳能远红外干燥器

太阳能远红外干燥器是一种以远红外加热为辅助能源的太阳能干燥器，有明显的节能效果，可全天候运行。

据报道，太阳能远红外干燥器在广西已有应用。广西某地建造的太阳能远红外干燥装置用于干燥水果和腊味制品，装置的采光面积为 $100m^2$，安装倾角为33°。利用该装置烘制腊鸭，干燥周期从自然摊晒的6~8天，缩短到只需50h，而且质量符合食品出口标准。

③太阳能振动流化床干燥器

太阳能振动流化床干燥器是一种利用振动流化床原理以强化传热的太阳能干燥器，有明显的节能效果。

据报道，太阳能振动流化床干燥器在四川已有应用。四川某地建造的太阳能振动流化床干燥装置用于干燥蚕蛹，空气集热器分为四个阵列，总采光面积为120m²，安装倾角为28°，吸热板采用V形板。该装置利用太阳能为干燥器提供热源，利用常规能源作为辅助能源，每天可干燥蚕蛹800～1000kg，产品含水率等质量指标均达到要求。

9.7.3   太阳能干燥装置的结构设计

太阳能干燥装置由太阳能集热器和农副产品干燥器两大部分组成，干燥器和集热器均单独制作，连接四周采用螺栓固定。

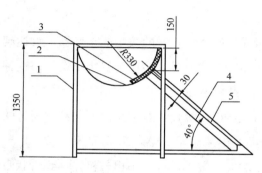

图 9-36   太阳能集热器结构示意图

1—集热箱支撑架；2—水箱外壳；3—水箱内胆；

4—反射板；5—太阳能玻璃真空集热管

（1）太阳能集热器

太阳能集热器的作用是集热、贮热，为干燥农副产品储备热源，主要由太阳能玻璃真空集热管、水箱、集热器支撑架、反射板等零件组成，其结构简图如图 9-36 所示。

干燥装置的主要热源来自于 16 根直径 47mm、长度 1500mm 的渐变 Al－N/Al 涂层规格的太阳能玻璃真空集热管所吸收的太阳能。干燥装置起储能作用的是直径 330mm，长度 1200mm 的半圆柱体形水箱中的水。考虑到水箱中的水不仅要能储存集热管吸收的太阳能，还要能把储存的热量尽量多的传送到干燥器去烘干物品，所以水箱的圆外径及两端采用双层 1mm 厚不锈钢钢板，在两层之间，聚氨酯发泡 50mm 厚的保温层防止热量散失，而水箱与干燥器接触的平顶部则采用 0.5mm 厚的薄不锈钢钢板，使水箱中的热量快速、有效传导到干燥器。当太阳光不强或阴雨天气，集热管吸收热量不够，水箱内储水水温不高时，势必会影响干燥效果，为了弥补这种缺陷，在水箱底部设计了一个电加热管，当温控检测水温低于设定干燥温度时，自动启动电加热管，对箱内储水进行电加热，保证农副产品的干燥不受天气、时间的影响，使物料干燥的温度稳定、时间不间断，在一定程度上提升其干燥效果。

（2）农副产品干燥

农副产品干燥器是存放和干燥农副产品的场所，也具备一定的辅助集热作用。双层六面体结构，外形尺寸为 660mm×1200mm×1000mm，主要由前、左、右、顶四块集热钢板构成的内层六面体、前、左、右、顶四块保温玻璃构成的外层六面体、两层搁物架、抽风机以及后面的一扇两开门组成，其结构简图如图 9-37 所示。

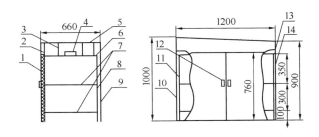

图 9-37 农副产品干燥器结构示意图

1—门；2—挡板；3—支撑板；4—抽风机；5—顶保温玻璃；6—顶集热钢板；7—搁物架；8—前集热钢板；9—前保温玻璃；10—右保温玻璃；11—右集热钢板；12—拉扣；13—左集热钢板；14—左保温玻璃

干燥器的内层采用钢板焊装而成，前、左、右、顶四块集热钢板为 0.5mm 厚的镀锌钢板，顶集热钢板中间开一圆孔，安装抽风机，用以抽取干燥物品时散发的湿气。干燥箱内置两层搁物架，底层距水箱面板高 100mm，下层层高 300mm，上层考虑安装抽风机的需要，层高设计为 350mm。为保证食品安全环保，搁物架采用不锈钢网板制作，孔径大小为 6mm×6mm，热空气流通顺畅且农副产品不易掉落至下层，而且搁物架采用活动抽取结构，物品可以连同网板放置或取出干燥箱，并可以根据需要在干燥器内设计多层网板支承体，以调节搁物架的层高。干燥器的外层采用玻璃封装结构，不仅防雨，也利于太阳光照射集热钢板，前、左、右、顶四块保温玻璃厚度 5mm，玻璃与钢板距离 30mm，夹层中的空气相当于一个空气绝缘体，不仅能防止外面的冷空气进来，也能防止箱体里面的热空气扩散出去。顶部保温玻璃与水平面有一定的倾角，以便于下雨天气顶部面板外表面的雨水排放和干燥时箱体内湿气的对外排放。箱体的后侧为一扇两开门，由双层 0.5mm 厚镀锌钢板构成，在两层之间，聚氨酯发泡保温层

25mm 厚，用于隔绝门内、外热量交换。

（3）关键技术设计

1）集热设计

在整套干燥装置的集热设计中，主要考虑的是太阳能真空集热管的选材以及集热钢板的辅助集热设计。太阳能虽然取之不尽用之不竭，但到达地球距离远，能量密度小，要利用它作为干燥热源，就必须提高太阳能的能量密度。太阳能真空集热管的选择性吸收涂层能对太阳能起收集作用，不同的涂层对可见光的吸收率不同，对外发射率也不同，涂层的选择直接影响集热效率，对太阳能的热利用起关键作用。选择性吸收涂层根据制备工艺不同分为电镀涂层、电化学转化涂层、涂料涂层和真空镀膜涂层。电镀涂层主要有黑镍涂层、黑铬涂层，虽然有良好的光学性能，但电镀黑铬生产成本高，对环境有污染，电镀黑镍涂层薄、热稳定性、耐蚀性较差。电化学涂层有铝阳极氧化涂层、钢的阳极氧化涂层，虽然光谱选择性、耐腐蚀、耐光照性能良好，但吸收率相对较低，发射率又相对较高。如 JahanF 等研究的 Mo 黑化学转化涂层，吸收率最大达到 0.87，发射率为 0.13～0.17。涂料涂层发展较早，制备简单，但防锈性能差，使用寿命短，发射率较高。真空镀膜涂层利用真空蒸发和磁控溅射技术制取，应用比较多的是多层渐变铝氮铝（Al-N/Al）涂层，该涂层具有良好的光谱选择性，工艺成熟。综合考虑几种涂层性价比和适用情况，本干燥装置的集热管选了 16 根直径 47mm、长度 1500mm 的渐变 Al-N/Al 涂层规格的全玻璃真空集热管。渐变 Al-N/Al 太阳能选择性吸收涂层由多层 Al-N 复合膜涂层构成，是第三代全玻璃真空太阳集热管的核心技术，成本不高，但对太阳能的吸收效果很好，而且为有效提高集热管的集热效能，还采取了以下措施：一方面将玻璃真空集热管与水平面的倾角固定在 35°至 45°之间，另一方面如果在玻璃真空管背部加上价格相对较低的反光板，增大真空管的采光强度，就可以更充分利用其集热性能高的特点。所以在集热管的正下方 30mm 位置处平行安装了 0.5mm 厚的波纹状镀锌铝反射板，照射到反射板上的太阳光经反射可照射到集热管的下表面，从而增加集热管的受光面积，达到提高集热管的集热性能的目的。辅助集热部分的设计主要在于干燥器的集热钢板的集热处理，为了最大限度地吸收太阳辐射光，在前、左、右、顶四钢板的外表面刷上一层表面粗糙的黑漆。黑漆涂料工艺过程简单，成本低，污染小，对太阳能的吸收率高。

2）保温设计

为了使真空集热管积存的热量最大限度地作为干燥热源，则需要防止热量不必要的散失，则必须在除了与干燥箱接触的一面外，其余部分即水箱外圆部分与两端均需要使用保温材料。保温材料有很多，如硬质聚氨酯、石棉绒、棉花、岩棉制品等。热量传递方式主要有三种：导热、对流和辐射。衡量保温材料性能好坏标准主要取决于其导热系数的高低，导热系数越高，热传递越快，隔热性能越差。实测新制成的聚氨酯泡沫导热系数为 0.018W/(m·K) 左右，一般不超过 0.102W/(m·K)，而其他一些保温材料的导热系数，如石棉绒为 0.055～0.077W/(m·K)，棉花为 0.1049W/(m·K)，岩棉制品为 0.1035～0.1038W/(m·K)，聚苯乙烯为 0.04～0.043W/(m·K)，均高于聚氨酯，因此从隔热性能上看，聚氨酯导热系数最低，是最理想的保温材料。为了提高保温效果，在保温材料选择方面，本套干燥装置的水箱和干燥器门的保温材料均采用硬质聚氨酯，另外在发泡工艺方面，采用手工、低压还是高压发泡，其工艺不同，泡孔直径也不同，压力越大，泡孔直径越小，导热系数越小，其保温效果越好，为了保证泡孔大小均匀、细密，要求水箱和保温门发泡加工时采用高压发泡，故在生产加工时，需要采取相应的安全措施。

3）排湿设计

干燥作业时，如果干燥器内的湿度过高，待干燥农副产品容易霉变，必须设计一个抽湿装置，就是在干燥器顶部面板上安装抽风机，当干燥器内的湿度过高时，启动干燥器顶面板的抽风机，利用空气换气，使干燥器夹层内的干空气与箱体内的湿空气进行对流，箱体内的湿空气还可通过抽风机直接排出，从而使箱体内空气的湿度降低，当干燥器内的湿度偏低时，关掉抽风机。干燥器的湿度检测和抽风机的开关控制则由本系统的干燥智能测试控制软件进行控制。

9.7.4 应用实例

宁夏枸杞种植历史悠久，品质优良，2007 年，宁夏固原市原州区枸杞种植面积达 3.33 万 m^2，总产量突破 50 万 t。由于枸杞鲜果保质期短（2～3 天），同时越来越多的枸杞产品依赖于干枸杞作为原料，所以枸杞烘干技术是今后枸杞产业发展中的重要技术支持。目前，区内外传统的枸杞脱水保质处理，采用的是自然摊晒法和窑式热风烘干法，近年来也有单位采用冻干法和微波加热法烘干枸杞等物料。自然摊晒法晒干时间长，易受天气变化影响导致枸杞鲜果返潮、结块和霉变，干果品质不佳，不适合设施农业发展的需要；窑式热风烘干法，烘干加工周期长（烘干需 48～52h），虽一次烘干加工量大，但热效率低（30％～40％），能源消耗大，环境污染严重；冻干法干燥效果好，但成本高（加工费 30 元/kg）；微波烘干，烘干效果好、时间短，但设备昂贵，批处理量小，操作使用要求高。因此，人们一直在致力于研制各种各样的干燥设备以满足使用需要。宁夏大学李明滨教授率领课题组多年来一直致力于枸杞干燥技术及设备的研究与开发工作。根据多年的调研和实验，应用太阳能干燥农副产品涉及面很广，而且枸杞成熟采摘期在每年的 6～9 月，是我区天气最热、雨水最少的季节，利用太阳能干燥技术烘干枸杞是完全可行的。

蒸汽组合干燥装置是在国家农业科技推广项目"大型枸杞烘干装置的产业化示范"的支持下完成的新型枸杞干燥装置。该装置具有热效率高、干燥周期短、节能降耗、干燥成本低等特点，干燥装置如图 9-38 所示。

图 9-38　太阳能—蒸汽组合干燥装置

（1）工作原理与结构特点

我们设计的新型组合干燥装置太阳能供热系统与蒸汽锅炉辅助供热系统彼此独立，以太阳能为主，当白天或阳光充足时，由太阳能集热器直接产生热空气导向干燥窑内进行枸杞的烘干，当阴雨天及夜间时启动蒸汽锅炉，将蒸汽送入散热器中加热窑内湿空气，热空气流经隧道式干燥窑时与枸杞鲜果接触，发生对流热交换使枸杞鲜果获得热量而蒸发水分。与此同时，空气中湿含量增加，为了减少排气热损失，满足不同物料或同一物料在不同干燥阶段的工艺要求，部分湿热空气由干燥窑末端的排风机抽出，另一部分通过回流通道与来自集热器的新风混合后循环使用。根据我们的实验及理论计算，干燥 2t 枸杞鲜果，热效率可到达到 72%。这种组合干燥方式效率高，经济费用低，热气利用率也高，适合枸杞的物料干燥要求。其工作原理如图 9-39 所示。

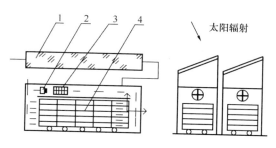

图 9-39　干燥装置工作原理图

1—集热器；2—风机；3—换热器；4—枸杞鲜果

（2）常规热源干燥系统

经过对各种常规热源的对比分析，我们认为采用蒸汽作为常规热源是经济可行的。在每道窑中均配备换热器，保证将外界新鲜空气温度提升到工艺要求的范围，然后将热空气引入干燥窑内。

（3）控制系统

整个干燥过程均由计算机进行控制。干燥窑内的循环风机与排潮装置、常规热源干燥系统的所有电动阀门全部由计算机控制，确保控制有效。软件为开放式结构，可以在设计工作中对干燥工艺进行修改和完善，对干燥全过程进行自动控制。经过实验研究证明，新型干燥窑热效率高，可以满足烘干质量的要求，由计算机自动控制干燥窑内的温湿度误差小，效果好，枸杞干果受热均匀。该设备干燥周期短，能耗小。对于不同品质的枸杞鲜果，只要在干燥工艺参数上做一些相应的调整，通过控制系统就可以保证烘干的质量。该装置空气的温度、湿度、风速和回风量可根据物料干燥工艺条件进行调节，微机自动控制，这种设计适用于干燥工艺要求比较严格的工业化生产的干燥作业。

（4）经济性对比

太阳能组合干燥和晾晒及热风炉干燥相比，其经济性比较显著，详见表9-9。表 9-9 中的对比项目均以干制1t枸杞鲜果为基准。

太阳能组合干燥和传统干制方式比较   表 9-9

比较项目	组合干燥	热风炉干燥	晾晒
1t 干燥时间/h	35	35	120
耗电	20°/h	20°/h	无
人工费	较低	较低	较高
耗煤/kg	150	450	无
干燥质量	较高	较低	低
干燥品质	好（售价 25 元/kg）	一般（售价 25 元/kg）	差（售价 20 元/kg）
干燥成本/元·kg^{-1}	0.6	1.2	0.1

参 考 文 献

[1] 江亿，林波荣等编．住宅节能 [M]．北京：中国建筑工业出版社，2006.

[2] 王昌凤，范国强，吕建等．天津农村住宅围护结构调研及节能设计 [J]．煤气与热力，2012，32(3)：A24~27.

[3] 赵树兴，王昌凤，臧效罡等．我国北方地区住宅建筑节能评价体系 [J]．建筑热能通风空调，2011，30(1)：44~46.

[4] 中华人民共和国住房和城乡建设部．严寒和寒冷地区农村住房节能技术导则(试行)，2009.

[5] 陕西省建设厅．陕西省农村建筑节能技术导则(试行)，2005.

[6] 田昕，徐俊芳，梁磊等．北京市农村住宅围护结构热工性能测试 [J]．建筑节能，2010，1(39)：57~60

[7] 王鹏，谭刚．生态建筑中的自然通风 [J]．世界建筑，2000，4：62~65.

[8] 西安冶金建筑学院主编．建筑物理 [M]．北京：中国建筑工业出版社，1987.

[9] 刘念雄，秦佑国．建筑热环境 [M]．北京：清华大学出版社，2005.

[10] 何梓年，朱敦智．太阳能供热采暖应用技术手册．北京：化学工业出版社，2009.

[11] 朱轶韵．西北农村建筑冬季室内热环境研究 [J]．土木工程学报，2010，43：401~403.

[12] 金虹，赵华，王秀萍．严寒地区村镇住宅冬季室内热舒适环境研究 [J]．哈尔滨工业大学学报，2006，38(12)：2108~2111.

[13] 杨晚生，张艳梅．北方农村家用采暖方式及其技术要点 [J]．可再生能源，2005，122：59~61.

[14] 郭继业．北方农村燃池取暖砌筑技术的研究 [J]．农业机械，2001，11：39~40.

[15] 吴晓楠．探索农村取暖最优方式 [J]．中国科技博览，2011，31：108~109.

[16] 詹庆璇．建筑光环境 [M]．北京：清华大学出版社，1994.

[17] 朱颖心．建筑环境学 [M]．北京：中国建筑工业出版社，2010.

[18] 黄永．智能百叶与建筑遮阳 [J]．华中建筑，2003，21(5)：77~78.

[19] 邵国新，张源．建筑采光与照明设计改造方法浅谈 [J]．江苏建筑，2010(5)：80~81.

[20] 董仁杰，(奥)伯恩哈特·蓝宁阁．沼气工程与技术 [M]．北京：中国农业大学出版社，2011.

[21] 周孟津，张榕林，蔺金印．沼气实用技术 [M]．第 2 版．北京：化学工业出版社，2009．

[22] 周建方，王云玲．农村沼气实用技术 [M]．郑州：河南科学技术出版社，2008．

[23] 张建安，刘德华．生物质能源利用技术 [M]．北京：化学工业出版社，2009．

[24] 钱伯章．生物质能技术与应用 [M]．北京：科学出版社，2010．

[25] 刘广青，董仁杰等编．生物质能源转化技术 [M]．北京：化学工业出版社，2009．

[26] 贾振航．新农村可再生能源实用技术手册 [S]．北京：化学工业出版社，2009．

[27] 付祥钊．夏热冬冷地区建筑节能技术 [M]．北京：中国建筑工业出版社，2002．

[28] 瞿义勇．建筑工程节能设计手册 [S]．北京：中国计划出版社，2007．

[29] 付祥钊．可再生能源在建筑中的应用 [M]．北京：中国建筑工业出版社，2009．

[30] 马最良，姚杨等编．暖通空调热泵技术 [M]．北京：中国建筑工业出版社，2008．

[31] 徐伟．地源热泵工程技术指南 [M]．北京：中国建筑工业出版社，2001．

[32] 刘金生．浅谈太阳能热水器在农村的推广应用 [J]．天津农林科技，2006(3)：30～32．

[33] 赵丹宁，赵逸平．太阳能热水器在住宅中的应用 [J]．给水排水，2009，35(S1)：384～387．

[34] 张福金．高效太阳能热水器研究 [J]．琼州大学学报，2007，14(2)：13～15．

[35] 张新喜，龚丽，黄伟等．我国新农村太阳能热水器的使用现状及发展趋势 [J]．科技信息，2010(17)：533～534．

[36] 朱敦智，刘君，芦潮．太阳能采暖技术在新农村建设中应用 [J]．农业工程学报，2006，22(增 1)：167～170．

[37] 高新宇，范伯元，张红光．太阳能采暖系统在新农村建设中的应用研究 [J]．太阳能学报，2009，30(12)：1653～1657．

[38] 蔡伟，解国珍，闫树龙等．新农村建设中太阳能采暖技术的应用 [J]．安徽农业科学，2007，35(34)：247～248．

[39] 鲁红光．太阳能供热采暖应用技术 [J]．硅谷，2011(20)：12～14．

[40] 喜文华，王恒一．太阳房的原理结构应用与设计施工 [M]．北京：化学工业出版社，2006．

[41] 张璧光，谢拥群．国际干燥技术的最新研究动态与发展趋势 [J]．木材工业，2008，22(2)：5～7．

[42] 李立敦，黄建明．太阳能干燥在工农业生产中应用的可行性及应用实例 [J]．能源工程，2008(1)：36～39．

［43］　李明滨，马婕．新型太阳能干燥装置在枸杞烘干中的应用［J］．宁夏工程技术学报，2007(4)：23～25．

［44］　秦国峰，王培蒂．枸杞研究［M］．宁夏：宁夏人民出版社，1981．
　　　　曹崇文．对我国稻谷干燥的认识和设备开发．中国农机化，2000(3)：12～14

［45］　Cao Chongwen. Rice drying and development of ricedryers in China［J］. 农业工程学报，2001，17(1)：5～9．